ちくま新書

日本を救う未来の農業

――イスラエルに学ぶＩＣＴ農法

竹下正哲
Takeshita Masanori

1438

日本を救う未来の農業——イスラエルに学ぶＩＣＴ農法【目次】

第5章　近未来の農業の形

本文中イラスト　高間ひろみ

はじめに　迫り来る危機

今大きな危機が迫りつつある。日本の農業が壊滅するかもしれないという危機だが、そのことに気づいている人は多くない。

今の時代は、物事がめまぐるしく移り変わっていく時代。SNS（ソーシャル・ネットワーキング・サービス）がこれだけ流行することを、20年前に誰が予測できただろうか。フェイスブック、ツイッター、ライン、インスタグラム、それらでさえも、おそらく10年後には化石となっているだろう。その頃には、運転手のいない車があたりまえになっているかもしれない。実際、空飛ぶバイクはすでに発売されている。病院から医者がいなくなり、代わりにAI（人工知能）が患者を診断しているかもしれない。株の投資も、AI同士の合戦となり、人間のトレーダーが太刀打ちできなくなっているだろう。まるでSFの世界のようだが、それこそが今我々が直面している現実だ。

では、農業はどうだろうか？

農業は変わるはずがない。そう考えている人も多いだろう。なぜなら、農業とは5千年以上の歴史を持つ人類最古の産業。それは土を相手にする技術であり、土や自然が5千年前と変わらないのであれば、農業も変わるはずがない。いや、変わってはいけない。そう考える人も多いことだろう。

しかし、農業もやはり変わらなければならない、と私は考えている。しかも、ただ変わるだけではいけない。社会の変化と同じように、急速にドラスティックに変わらないといけない。なぜなら、そうしないと日本の農業は滅びてしまうからだ。

本書では、日本農業に迫りつつある危機を解説するとともに、それを乗り越えるための手段を提案している。それは、必然的にまったく新しい形の農業になっていく。センサーやIoT（モノのインターネット）、衛星画像、クラウドシステムを使った農業はもちろんのこと、AI（人工知能）といったものが農業に入り込んでくる。それは、従来の農業とはまったく異なったイメージであり、多くの読者が、これまでの人生で一度も想像したことのない農業になってくるであろう（第5章参照）。あるいは、もはやそれは農業と言えない可能性もある。しかし、それが現実なのだ。

日本の農業はずっと鎖国を続けてきた。そう言われても、ピンと来る人が少ないと思うが、統計をひもとけば一目瞭然で、日本は戦後70年間以上、国を閉ざし、海外の農業を決して見ようとしてこなかった。ひたすら国内だけを見る内向きの農業を展開してきた。それは世界との競争を放棄したことを意味しており、その結果、農業技術の進歩はストップしてしまった。実は日本の農業の生産効率は、1970年代からまるで向上していない（第2章参照）。

「日本の農業は、世界最高レベル」

そう信じている人は多いことだろう。だが、それはもはや正しい認識とは言えない。確かに1980年代ぐらいまでは、日本農業は世界をリードしていたかもしれない。でも今は、農業後進国になっていると言わざるを得ない。というのも、日本が鎖国をして長い眠りについてしまっている間に、世界の農業は著しく進化してしまったからだ。上述した、センサーネットワーク、IoT、衛星画像、クラウドシステムを使った農業は、ヨーロッパ、アメリカ、イスラエルなどではもはや当たり前になっている。インドもそれに追いつきつつあり、中国もここ数年で海外の巨大企業を次々と買収することで、ハイテク農業を会社ごと吸収しつつある。それだけ世界の農業は熾烈な戦いを繰り広げているのだ。

日本はというと、「植物工場」という独自の路線を2000年代に展開しようとしたが、うまくいかなかった。補助金がなくなった途端に次々と倒産している現実は、みなさんも知っての通りだ。理由は単純で、植物工場はコストが余りにかかりすぎ、採算をとることが難しいためだ。ヨーロッパやイスラエルには、より洗練された栽培システムがあって、しっかりと利益が上がる仕組みになっている。

今の時代、あらゆる産業は世界を相手に戦うことを強いられている。日本の自動車メーカーにしても、電機メーカーにしても、衣料メーカーにしても、世界を舞台に、生きるか死ぬかの戦いを続けている。でも、日本の農業だけは、その蚊帳の外にいる。海外の農業に何が起きているのか、気にとめている人はほとんどいない。鎖国していたから、危機感がまったくないのだ。

確かに、このまま鎖国を続けていけるのならば、それもいいだろう。争いのない平和な世界だ。江戸時代の日本のように、独自の文化を発展させていけばいい。しかし、現実的には、鎖国をこれ以上続けることは難しい。

TPP（環太平洋パートナーシップ協定）は2018年12月からいよいよ始まった。ヨーロッパとのEPA（経済連携協定）も2019年2月に始まった。TPPを脱退したアメリカ・トランプ政権は、TPP以上に厳しい条件を突きつけて、開国を迫ってきている。もはやグローバル化の波は止めようがなく、それらは共通して、日本農業が世界に開かれることを強く要求してきているし、農業補助金を廃止することも求めてきている。

これからは、たとえ日本の国内であっても、海外の農産物と戦っていかねばならない時代となってしまった。そのとき、はたして日本農業は世界に太刀打ちできるのだろうか。

熾烈な国際競争を戦い抜くことができるのだろうか。

　客観的に見て、とてもそうは思えない。「日本の農業は世界最高だ」と叫んでみたところで、１９７０年代で止まってしまった生産効率では、センサー、衛生画像、クラウドを駆使した先進農業には歯が立たないことだろう。たとえばナスを例にとると、１haあたりの生産量は、オランダが日本の15倍になっている。15倍も生産効率が違っていて、どうやって戦っていけばよいのだろうか。このまま指をくわえているだけだと、日本の農業は壊滅し、すべて海外に飲み込まれてしまう可能性が高い。そうならないためにも、日本の農業は変わらないといけない。

　しかし、かつて「コメを一粒たりとも日本に入れるな」というスローガンが国会を支配していたように、「TPP、FTA、EPAなど、日本農業を壊滅させようとする取り決めからは、今すぐ撤退しろ」という農業関係者からの声も多いだろう。私もそれはよく理解できる。まっとうな言い分だと同意する。しかし同時に、「厳しい現実を受け入れて、先へ進まないと手遅れになるよ」とも言いたくなる。

　今日本がすべきことは、外国が先に行ってしまったことを謙虚に認め、それに学び、追いつき、追い越そうとがんばることではないだろうか。

　ただこう言うと、多くの方は反論してくるであろう。農業とは、人々の食を守る聖なる仕事。そこにセンサーやらＡＩを入れるなど言語道断。農業を冒瀆するな、農業は他のビジネスとは違う。農業とは何十年とかけて土作りをしていくもの、急速に変化するようなビジネスではない。ビジネス化する農業は偽物だ、本物ではない。そういうお叱りを受けるであろうことは覚悟している。

そのような反論は、すべて正しい、と私も同意する。もし「何が正しい農業で、何が間違った農業か？」の議論をするならば、おそらく本書が提案する農業は、正しい農業ではないと思う。昔ながらの有機農業、あるいは自然栽培などが、本質的には一番正しい農業であり、より人間らしい本来の農業だと私も感じる。ＡＩ農業などは邪道だろう。

しかし大事な点は、正しい農業が必ずしも生き残れるとは限らないという現実だ。時代は急速に変化している。その中で生き残るためには、「何が正しい、何が間違っている」という議論を超えて、「はたしてどんな農業なら生き残れるか」という視点を持たねばならない。そして生き残るためのキーワードは、おそらく「変化し続ける」ではないかと考えている。ちょうど生物の進化と同じように、農業もその姿形を変え、進化していかないといけないのだ。

本書は、迫り来る危機をしっかりと認識した上で、それにひるむことなく、先へ進もうではないか、と呼びかける本と言える。そのとき、イスラエルという国の農業が、大いに参考になると考えている。イスラエルが通ってきた道は、日本がこれから歩まねばならない道を先導してくれているように見える。まだ間に合うと私は考えている。今すぐに日本の農業も大きく舵を切るならば、海外に飲み込まれない道を選ぶ余地があるだろう。しかしあと5年、このまま眠り続けるのならば、もはや手遅れではないかと思っている。日本の農業が進むべき道を、そして今すぐにしなくてはならないことを一緒に考えていただけたら、幸いである。

第1章
日本に迫りつつある危機

1　日本人は日本の農業を誤解している?!

「日本の農業問題」というキーワードを聞いて、みなさんはどんなことを思い浮かべるであろうか?

農家の高齢化、担い手不足、農家の減少、耕作放棄地、低い自給率、衰退産業……。

そういったキーワードが思い浮かぶのではないだろうか。ニュースなどを見ていると、必ずこういった論調で、危機が叫ばれている。

しかし、実は高齢化や農家の減少、耕作放棄地、自給率などの問題は、どれもまったく問題ではない。少なくとも、どれも解決可能であり、表面的なことにすぎない（第2章参照）。むしろ問題の本質はまったく別のところにある。というのも、その問題の本質に取り組むことができたなら、高齢化や農家の減少、耕作放棄地などの問題はひとりでに解決に向かうからだ。

では、その問題の本質とは何か、を一緒に考えてみたいと思う。

最初にみなさんに伺いたいのは、「世界で一番安全な作物をつくっているのは、どの国だろうか？」という問いである。裏返すと、「世界で一番危険な作物をつくっているのは、どの国だろうか？」という質問に変わる。

もちろん、何をもって危険とするかについては、人によって違うだろう。確固たる基準が存在するわけではないが、ここでは、仮に「農薬（殺虫剤、殺菌剤、除草剤など）をたくさん使っている作物ほど危険」という基準から見てみることにしよう。一番農薬を使っている国はどこだろうか？

学生たちにこの質問をすると、たいてい「アメリカ、中国」といった答えが返ってくる。その両国が、農薬を大量に使っているイメージなのだろう。逆に「世界で一番安全な作物をつくっている国は？」という問いに対しては、9割近くの人が、「日本」と回答してくる。

だが、この認識は大きく間違っている。FAO（国連食糧農業機関）の統計によると、中国の農薬使用量は、農地1haあたり13kgという世界トップレベルの数値だ。だが、実は日本も11・4kgの農薬を使っており、中国とほぼ変わらない。日本も中国に劣らず、世界トップレベルの農薬大国なのだ。

実はアメリカはずっと少なく、日本の5分の1しか使っていない。ヨーロッパ諸国も日本より低く、イギリスは日本の4分の1、ドイツ3分の1、フランス3分の1、スペイン3分の1、オランダ5分の4、デンマーク10分の1、スウェーデン20分の1となっている。EUは政策により意図的に農薬を減らしている。また近年躍進が著しいブラジルを見てみても、日本の3分の1であり、インドは日本の30分の1しかない。

日本人の多くは「国産が一番安全」、そう信じていることだろう。しかし、それは間違った神話なのかもしれない。少なくとも、統計の数字だけを見るならば、日本は中国と並んで世界でも有数の農薬大国ということになる。農薬漬けと言ってもいい。アメリカの4倍以上、ヨーロッパの3〜20倍以上を使っている。

このように、日本人に植え付けられてしまっている誤解は他にもたくさんある。これから順次それらを解いていくが、その前に、具体的にどんな危機が日本に来るのか、それをまず考えてみよう。

大きな背景としては、日本の鎖国がついに終わろうとしている、という世界的な動きがある。いきなり「鎖国」と言われても、意味がわからないという人が多いと思われるが、詳しくは、第2章を読むと実感していただけると思う。結論から先に言うと、日本の農業の多くは、1970年代からまったく進歩をしていない。技術革新というものが、起きてこなかったのだ。農村でのどかにカボチャやニンジンを作っている農家の多くは、実は1970年代とまったく同じ農法で栽培している。昔ながらの「土づくり」を尊び、50年前と同じように肥料をあげ、同じように水やりをして、同じ量だけ収穫している。

今の時代に1970年代と同じ方法でやっていけている産業など、他にあるだろうか。農業だけ、それができてしまう。なぜかというと、国際競争にさらされてこなかったからだ。

日本の農業は、第二次世界大戦が終わった後ずっと鎖国をしてきた。コメ788％、こんにゃく芋1700％、エンドウ豆1100％に代表されるような高い関税をかけることで、海外からの農産物を閉め出してきた。加えて、作物ごとに複雑な「規格」を設定し、外国からの参入をさらに困難としてきた（非関税障壁）。

海外では、ここ30年ほどの間に農業の形が激変した。栽培法には幾度も革命が起き、そのたびに世界最先端のテクノロジーが農業と融合してきた。そして農業は国境を越えたグローバルビジネスとなり、カーギル、ブンゲなどの巨大企業が生まれ、世界の食糧をコントロールするほどの力を持つに至った。その陰で、昔ながらの農法をしてきた零細農家はつぶされ、消えていった。

日本はというと、海の向こうで、そのような熾烈なつぶし合いが起こっているとは知らないまま、ひたすら国内市場だけを見てきた。ずっと内向きの農業をして、平和な産地間競争に明け暮れてきた。

そのような鎖国状態を今後も続けていけるのなら、それはそれでよいかもしれない。日本の農家はサラリーマン以上にお金を稼げている人が多いし、それに対して不満を持っている国民も少ない。日本独特の農業のあり方だ。だが、現実問題として、開国せざるを得ない事態になってしまった。

2018年12月末、TPPが始まった。TPPとは、Trans-Pacific Partnership（環太平洋パートナーシップ）のことで、太平洋を取り囲む11カ国の間で、関税をほぼなくし、貿易を自由にできるようにしましょうという取り決めのことだ。実際、多くの関税が最終的には0％になることが決まった（表1－1）。

このTPPが発効した瞬間から、日本への農産物の輸入は大幅にジャンプした。TPP直後の2019年1～4月の輸入量は、前年と比べてブドウは41％アップ、キウィは42％、牛肉（冷凍）30％と大幅に増加している（財務省貿易統計）。スーパーを見ても、チリ産やオーストラリア産のブドウが大量に並ぶようになったことに気づくだろう（だいたい2〜6月の季節）。チリと言えば、地球の裏側の国だ。そこから新鮮なブドウが、日本の4分の1ほどの価格で、次々と送られてきている。TPP発効によって、農産物の輸入が増えていることは間違いない。

それは消費者にとっては嬉しいことかもしれないが、農業関係者にとってはたいへんな驚異だろう。海外から安い農産物が入ってくると、日本の物が売れなくなってしまう。つまり、農家の収入がなくなり、それが続けば、最悪閉業しなくてはならなくなってしまう。しかし、そんなTPPであっても、これから始まる恐怖のほんのさわりに過ぎない。というのも、TPPに加盟している11カ国を詳しく見てみると、オーストラリア、ブルネイ、カナダ、チリ、日本、マレーシア、メキシコ、ニュージーランド、ペルー、シンガポール、ベトナムという国々だとわかる。

みなさんはどうだろうか。スーパーに行って野菜や果物を選ぶとき、マレーシア産、ベトナム産のトマトと、日本産のトマトが並んでいたら、いったいどちらを選ぶだろうか。おそらく日本産を選ぶ方がほとんどだろう。日本人の心理として、アジアや中南米からの作物が多少安かったとしても、無理して国産を買おうとする。「国産は安全でおいしい。

海外産はなんか薬が多そうで怖い」と日本人の多くが信じているためだ。（実際には、日本産の方が、農薬の量はずっと多いのだが）つまりＴＰＰによってアジアや中南米から安い野菜や果物がたくさん入ってくるようになるが、それでも、それが太平洋の国々である限り、日本にとってはそれほどの脅威にならないだろう。

だが安心してはいられない。もし相手がヨーロッパだったらどうだろうか？

そう、一番怖ろしいのは、アメリカでも中国でも中南米でもない。ヨーロッパだ。もしヨーロッパ産の野菜がスーパーに並んだらどうなってしまうか、真剣に想像したことがあるだろうか？

実はＴＰＰとは別に、ヨーロッパとはＥＰＡが結ばれた。ＥＰＡとはEconomic Partnership Agreement（経済連携協定）のことで、これもヨーロッパと日本の間の関税や関税以外の障壁を取り払い、貿易をより自由にしましょうという取り決めだ。これは２０１９年２月より発効された（表１-１）。そしてその影響はすぐに現れた。

ＥＰＡ発効後の２０１９年２～４月の輸入量を前年と比べてみると、ヨーロッパからのワインが30％増加した（財務省貿易統計）。チーズは31％、豚肉は10％増加している。

さらにこれからは、ヨーロッパから野菜や果物が押し寄せてくるようになるだろう。すでにＥＰＡの前から、オランダ産のパプリカはスーパーで売られ始めていたが、それは始まりに過ぎない。農産物の関税や非関税障壁は4〜11年をかけて段階的に取り払われていくものが多く、それに合わせて、ヨーロッパからたくさんの野菜や果物、キノコがやってくるようになる。ベルギー産のトマト、フランス産のジャガイモ、スペイン産のブドウ、主婦たちははたしてどちらを選ぶだろうか。

フランス産やイタリア産と聞けば、まず響きだけでおしゃれな感じがするだろう。しかも、それらは農薬の量が日本よりもずっと少ない。日本の3分の1から20分の1しかない。そして日本の物よりずっと安い。おいしさはほぼ変わらない。となると、みなさんはどちらを選ぶだろうか。「おいしいけど、値段が高くて、農薬が多い国産野菜」か、あるいは「おいしくて、値段が安くて、農薬が少ないヨーロッパ産野菜」か。

勝負は見えているだろう。正直、日本の野菜が勝てる理由が見つからない。消費者はともかく、外食（レストランなど）や中食（お弁当屋さんなど）産業は、ヨーロッパ産に飛びつくだろう。実際、すでにいくつかのファミレスは、そういう動きを見せている。「イタリア産のポルチーニ茸を使ったパスタ」とか「ドイツ産リンゴのジュース」などのメニューをよく目にするようになった。そのメニューを見たとき、「国産じゃないから嫌だ」と思う人はきっと少ないだろう。ヨーロッパから安い野菜・果物が入ってくるようになれば、再びイタリア料理やフランス料理ブームがやってくるかもしれない。そうなったとき、日

表1-1　野菜、果物、コメの現行関税率とTPP、ヨーロッパEPAによる低減率

品目	現行の関税	TPPでのとりきめ	ヨーロッパEPAでのとりきめ
コメ	341円/kg (WTO発足時には788%と計算された)	現行維持	現行維持
こんにゃく芋	2796円/kg (WTO時には1700%)	6年目までに15%削減	6年目までに15%削減
えんどう豆	354円/kg (WTO時には1100%)	11年目に0円	11年目に0円
いんげん豆	354円/kg	現行維持	現行維持
落花生	617円/kg	6年目に0円	6年目に0円
小豆	354円/kg	現行維持	現行維持
ブドウ	7.8-17%	即時0%	即時0%
オレンジ	16-32%	4-6年目に0%	4-6年目に0%
リンゴ	17%	11年目に0%	11年目に0%
茶	17%	6年目に0%	6年目に0%
温州ミカン	17%	6年目に0%	6年目に0%
グレープフルーツ	10%	6年目に0%	6年目に0%
バナナ	20-25%	11年目に0%	11年目に0%
パイナップル	17%	11年目に0%	11年目に0%
クリ	9.6%	11年目に0%	11年目に0%
サトイモ	9%	即時0%	即時0%
サクランボ	8.5%	6年目に0%	6年目に0%
タマネギ	8.5%	6年目に0%	6年目に0%
キウィフルーツ	6.4%	即時0%	即時0%
スイートコーン	6%	4年目に0%	4年目に0%
メロン,スイカ,桃,苺,柿	6%	即時0%	即時0%
トマト,ナス,キャベツ,ニンジン,キュウリ,その他野菜	3%	即時0%	即時0%

（農林水産省発表より著者作成）

本の農家は生き残っていくことができるのだろうか？

日本の農業は、これまで安泰だった。その理由は、国が保護してきたからだ。だが、それはもう続けられない。これから世界中の関税はさらに低くなり、もはや国境というものがあまり意味をなさない時代になっていくだろう。

実は、農業以外の産業は、とっくの昔にそうなっている。トヨタにしても、ホンダや日産にしても、世界で活躍している企業は地球全体を考えて経営をしている。今はインターネットで世界がこれだけつながってしまった時代。世界の裏側のニュースも、1秒とかからず手にすることができる。若者たちが遊んでいるゲームなどは、その多くがアメリカのサイトから直接ダウンロードするようになっている。そういうグローバル化した時代、農業も当然ながら地球規模になってくる。いや、日本以外は、すでにそうなっている。

先ほど軽く言及したが、すでに世界では、食料は巨大なグローバルビジネスになっている。たとえば石油がエクソンモービル、ロイヤル・ダッチ・シェル、BPなどのほんの数社によって支配されていることはよく知られているだろう（石油メジャーと呼ばれる）。実は食料も同じで、カーギル、ADM、ブンゲ、ルイ・ドレフュスなどのほんの数社が、世界の穀物を支配し、コントロールしている（穀物メジャー）。日本では、これらの存在を知らない人がほとんどだが、今後完全に開国したときには、一気に世界のメジャーたちが押し寄せてくることになる。はたして、今の日本の農業は、それらの世界的ビジネスと渡り合っていくことができるのだろうか。

ヨーロッパからの脅威に話を戻すと、一昔前までは、ヨーロッパから新鮮野菜を持ってくることは、不可能に近かった。理由は単純で、遠すぎるためだ。だが今は、時代が変わった。収穫が終わった後の処理はポストハーベスト技術と呼ばれるが、これが急速に発達したのだ。今では、チリのような地球の裏側であっても、収穫したばかりの新鮮な野菜・果物を、鮮度そのままに日本のスーパーに並べることが可能になっている。

第2章で詳しく見ていくが、日本は鎖国をしながら、長いこと眠り続けてきた。その間に、海外の農業は急速に発展し、日本に追いつき、追い越していった。もし日本がこのまま眠り続けるならば、国内の農業は間違いなく滅びるだろう。

その前例はすでにある。林業だ。みなさんの周りにプロ農家の方はいると思うが、プロ林業家という方に会ったことがあるだろうか。林業だけで食べている人は、今の日本にはほとんどいないだろう。それが現実だ。

一九八〇年代ぐらいまで、日本は林業王国だった。しかし、その後日本の林業は衰退した。一九九〇年代にほぼ滅びてしまったと言っていいだろう。海外との競争に負けたためだ。海外からの安い木材に圧倒されて、国内の木材はまったく売れなくなってしまった。

そして林業家は廃業し、林業という仕事が日本から消えていった。

今でも吉野杉などのようなブランド木材は、立派にビジネスとなっている。でも、それはごく一部に過ぎない。全体としてみれば、日本ではもはや林業はビジネスではなくなった。その証拠に、大学にかつてあった林学科という学科は、ことごとく森林科学科に変わっていった。あるいは環境科学科と名前を変えた。つまり、林業というビジネスをあきらめて、純粋な環境の学問に変わったのだ。今でも林業職の求人はあるが、平均年収は300万ほどと言われている（転職会議のホームページより）。300万円では、家族を養うことは難しい。子どもを学校に通わせることも困難だろう。

このままでは、日本の農業もまた林業と同じ道をたどることになってしまう。海外からの安い農産物に飲み込まれ、国内農業は滅びてしまう可能性が高い。なぜ日本の農業は、競争力がないのだろうか。

その理由は、第2章で詳しく見ていくが、一言で言えば、日本がすっかり農業後進国になってしまったからだ。たとえば、日本で「最先端農業」と聞けば、多くの人が「農薬をたくさん使う農業のこと」と思うだろう。そしてもし農薬を使うのが嫌だったら、有機農業や自然栽培といった昔ながらの農法に戻るしかない。つまり「昔ながらの農業」、あるいは「薬漬けの農業」、その二者択一しか今の日本にはない。しかし、そんな考え方は世界ではもう完全に時代遅れだ。ヨーロッパでは、そのどちらでもない第3の農法が発達している。すなわち、最新のテクノロジーを使って日本よりもはるかに効率のよい農業をしながら、でも同時に、使う農薬の量は、日本よりもずっと少なくしている。最先端農業でありながら、安全で安心、環境にも優しい。そんなまったく新しい農業が発明されている。

そんな事実を知っている日本人は、まだほとんどいない。日本は、国全体がそういった世界の進化にまったくついて行けていない。中国やインドの方がはるか先を行っていることも知らない。追い越されていることにすら気づいていない。みんな「日本の農業は世界最高」という幻想を信じたまま、時間が止まってしまっているのだ。

このまま行くと、世界と日本の差はさらに開いていくことだろう。なぜなら、テクノロジーの変化はとてつもなく速いからだ。今日1だった差は、明日には10になり、2日後には100、1週間後には1万の差になっている。それほどまでに、世界の変化は速い。TPPとEPAが始まってしまった今、もはや一刻の猶予もない。あと数年が生き残れるか滅びるか、その勝負の分かれ目だろう。

いったいどうしたらいいのか、その対策を本書ではしっかりと述べていく。今すぐ何をするべきかを提案している。ただ、それを理解するためには、まずは多くの誤解を解きほぐすことから始めないといけない。

最初は、日本農業の本当の問題点はどこにあるのか、それを理解するところから始めよう。問題点をしっかり認識できれば、自ずと解決方法も見えてくるはずだ。

2 日本とイスラエル、生産量の比較

さて、日本農業の本当の問題とは何か？

それを考えるときに、大切なキーワードが一つある。それは「生産量」あるいは「収量」という言葉だ。

そう言われて、すぐに「なるほど」と手を叩く人はほとんどいないだろう。「日本の農業問題」と「生産量」を結びつける人はまずいない。プロの農業関係者でも、農業問題として「生産量」を挙げてくる人には会ったことがない。しかし、この「生産量」こそが、日本農業にとって一番重要な視点となってくる。日本に一番欠けているもの、それはこの「生産量」という意識なのだ。そこから目を背けている限り、農業問題は永久に解決しない。そういう意味で、これからちょっと細かな数値の比較をご覧に入れるが、決して難し

い話ではないので、おつきあい願いたい。そしてそのとき、本書のテーマである「イスラエルのすごい農業」と比較してみると、より問題点がはっきりと見えてくる。

たとえばホウレンソウを世界で一番多く生産しているのは、どの国か知っているだろうか？　そして日本はいったいどれくらいホウレンソウを生産しているだろうか？

FAO（国連食糧農業機関）の統計によると、1位は中国、2位はアメリカとなっている。そして3位に日本がつけている。驚いたことに、日本は世界で3番目にホウレンソウを生産しているのだ。

他にも、日本が世界ベスト10にランキングしている作物はたくさんある（表1－2）。ネギは世界第3位、レタス6位、ナス7位、キャベツ7位、アスパラガス8位、ミカン8位、栗8位などと、14品目もベスト10入りしている。ベスト20までにすると、さらに多く、24品目にもなる。日本は、これだけたくさんの野菜・果物を生産している。日本農業は実はかなり強い、という実態がよく見えてくるだろう。

そう、これはあまり知られていない事実だが、日本農業の生産量は実はかなり多い。世界トップレベルと言っていい。一方、イスラエルの農業はどうだろうか？

イスラエルの順位はそれほど振るわない。先ほどの野菜を例にとると、ネギは世界第45位、アスパラガスも45位、キャベツ69位、レタス43位、ナス31位、ニンジン29位、キュウリ38位、食用トウモロコシ20位などとなっている。世界ランキングベスト10に入るものは、グレープフルーツ10位のみであり、20位以内でも、食用トウモロコシ20位、アーモンド20位、アヴォカド14位、イナゴ豆12位、ヒヨコ豆17位、キウィフルーツ14位など、10品目しかない。日本の生産量と比べて、かなり見劣りがする。

これだけを見ると、日本とは立派な農業大国で、イスラエルなどから学ぶことは何一つないように見えてしまう。しかし、冷静に考えてみると、これは実は公平な比較ではない。というのも、このランキングは国全体の総生産量で比べているため、中国やアメリカのように国土が巨大な国は、当然有利になる。その中で、国土の小さな日本がベスト20に24作物もランクインしているというのは、なかなか奮闘していると言えるが、イスラエルは日本よりもさらに国土が小さく、だいたい日本の四国ぐらいの面積しかない。そんな小さな面積で、中国やアメリカと総生産量で競争するのはあまりに無謀であり、ベスト20に10作物しかランクインしていないのも、仕方ないと言えるだろう。

そこで、国土の大小による不公平をなくすために、単位面積あたりの生産量で比較をしてみたら、どうなるだろうか。つまり農地1haあたりの収穫量（収量）で比較してみたら、どういうランキングになるだろうか。

そうしてみると、日本の世界ランキングはぐっと落ち込むことに気づく。表1-2の

表1-2　日本とイスラエルの生産量、収量の世界ランキングの比較

作物	日本		イスラエル	
	生産量(t)ランキング	収量(t/ha)ランキング	生産量(t)ランキング	収量(t/ha)ランキング
ほうれん草	3	40	54	20
ネギ	3	18	45	26
レタス	6	19	43	81
ナス	7	18	31	22
キャベツ	7	23	69	104
ミカン	8	25	24	33
キュウリ	10	30	38	22
栗	8	21	—	—
アスパラガス	8	16	45	7
柿	6	13	20	1
ニンジン	10	33	29	4
グレープフルーツ	—	—	10	1
ヒヨコ豆	—	—	17	1
ヒマワリ種(食用)	—	—	49	1
飼料用トウモロコシ	159	99	109	3
食用トウモロコシ	16	26	20	4
ピーナッツ	63	31	60	2
アーモンド	—	—	20	1
レモン	56	32	24	2
キウィフルーツ	11	17	14	5
マンゴー	65	63	40	3
スモモ	39	40	35	7
カボチャ	24	75	80	9
カリン	22	31	44	4
リンゴ	19	22	50	9
アプリコット	—	—	40	7
ゴマ	73	52	69	3
イチゴ	11	16	30	6
サクランボ	21	31	43	9
イチジク	14	7	31	5
ソルガム	—	—	52	6
綿花	—	—	44	5
バナナ	129	120	53	7
ベニバナ	—	—	20	9

（FAOSTATデータより著者作成）

「収量」の列がそれに当たるが、世界第3位だったホウレンソウは、1haあたり収量となると、40位に急に下がる。ネギも生産量では3位だが、1haあたり収量となると、18位に下がる。アスパラガスは8位から16位へ。キャベツは7位から23位、ニンジンは10位から33位。キュウリは10位から30位、ナスは7位から18位とどれもランキングを下げている。

それでも、世界的に見て決して悪い順位ではないのだが、生産量から見えたような「日本農業は強い」という印象は薄れざるを得ない。それに対し、イスラエルの1haあたり収量は目を見張るものがある。得意な作物は当然日本と違ってくるのだが、世界ランキングベスト10に入るものがたくさん現れてくる。

アーモンド、世界第1位。食用トウモロコシ4位、飼料用トウモロコシ3位、ニンジン4位、アスパラガス7位、グレープフルーツ1位、ヒヨコ豆1位、柿1位、レモン2位、マンゴー3位といったように、世界ベスト10に入る作物が29種類もでてくる。ベスト20以内となると、37品目にもなる。

それに対し日本は、1haあたり収量が世界ベスト10に入るものは、イチジク7位、タマネギ9位の2作物だけであり、ベスト20位以内でも14作物しかない。

これらの数字から見えてくるのは、日本農業とイスラエル農業の際だった特徴である。まず日本農業は、総生産量では世界トップクラスと言っていい。しかしその生産効率は、決して高いとは言えない。一方イスラエル農業は、総生産量はたいしたことはない。が、その生産効率は驚くほど高く、多くの作物が世界トップレベルとなっている。そしてこのあと詳しく見ていくが、生産効率の違いが、驚くほど多くのことに影響してくる。日本の農業問題のほぼすべては、この生産効率が悪いことに端を発していると言っても過言ではない。まずは、この「総生産量」と「1haあたり収量」の現実を知っておくことが、これからの農業を考えるための始まりとなる。

3 日本の農業は鎖国状態?

日本農業の特徴としては、①まず、農薬を大量に使っている、②作物によって、総生産量は世界トップクラスだが、③1haあたりの収量はそれほど高くはなく、効率性に問題を抱えている、ということがわかるだろう。それでも、こういった農業で日本はそれなりにうまくやってきた。日本の作物はおいしいし、国民から愛されている。なので、多くの人は「日本は、このままの農業でいいじゃないか」と思っていることだろう。

しかし、このように日本の農業が比較的安泰なのには、理由がある。その理由は大きく

2つで、1つは鎖国を続けてきたこと、もう1つは膨大な農業補助金のおかげだ。そしてその2つは、近い将来崩壊していくと予想される。

まず鎖国について、少し詳しく検証してみよう。多くの人にとっては、鎖国とは江戸時代に終わったことであり、今の日本が鎖国しているとは信じられないという認識だろう。だが、冷静に日本の農業を見つめてみると、鎖国をしているとしか思えない状況に気づく。鎖国とはいっても、ある種の作物は大量に輸入している。トウモロコシを毎年1500万トン近く輸入しているのを筆頭に、小麦、大豆、菜種などを大量に輸入している。それらが、日本の自給率を大きく下げる原因となっている。

一方輸出となると、日本はまったくと言っていいほどしていない。話をわかりやすくするために、諸外国との比較を通しながら見ていくことにしよう。まず野菜・果物をどれくらい輸出しているのか、それを世界で比べてみよう。ところで、世界でもっとも野菜・果物を輸出している国はいったいどこか、ご存じだろうか？

総金額で比較してみると、一番多い国から順に中国、アメリカ、スペイン、オランダ、メキシコ、イタリア、ベルギー、カナダといった順位になっている（FAOSTAT 2019）。イスラエルは36位であり、日本は64位となっている（表1-3）。しかし、これは先ほどの生産量と同じで、国全体の輸出額を比べているので、当然アメリカや中国のように国土

表1-3　農産物の輸出世界トップ10

順位	果物・野菜の輸出総額ランキング	耕地1haあたりの果物・野菜輸出額ランキング
1	中国	オランダ
2	アメリカ	ベルギー
3	スペイン	コスタリカ
4	オランダ	チリ
5	メキシコ	ニュージーランド
6	イタリア	イスラエル
7	ベルギー	ヨルダン
8	カナダ	エクアドル
9	トルコ	スペイン
10	チリ	イタリア

（FAOデータより著者作成）

が大きい国ほど有利になってしまう。

そこで、その不公平をなくすために、農地面積で割った値で比較をしてみよう。つまり、農地1haあたりで、どれだけ輸出しているかという比較になる。

そうしてみると、世界1位がオランダ、次いでベルギー、コスタリカ、チリ、ニュージーランド、イスラエルといった順番になる。オランダとベルギーは、国土面積としては小さいにもかかわらず、総輸出額でそれぞれ世界4位、世界7位、農地1haあたりの輸出額で世界1位、世界2位にランクインしており、両国は世界をリードする輸出国と言える。日本は、長いことオランダ農業を模倣しようとしてきたが、それもうなずける。確かにオランダは世界最高峰の農業を発展させており、学ぶべきことは多い。

しかし、実はオランダ農法は日本にはそぐわない場合が多い、と私は考えている。というのも、オランダ農業の代表例は、ガラス張りのグリーンハウス（日本でいうビニールハウスのこと）を建て、数千万円をかけて灌漑、温度、日照、二酸化炭素などをコントロールする機械を導入し、栽培をコンピューターで精密に管理するといったものであり、日本の植物工場をより洗練させたイメージに近い。それは言ってみれば、多額の投資をして多額の利益を得ようとするシステムであり、オランダのように災害のない地域ではうまくいくかもしれないが、日本のように災害が頻発する地域では、多額の投資をするリスクがあまりに大きい。オランダを含むヨーロッパ地域は、地震や火山噴火がまず起こらない。日本人からすると信じられないかもしれないが、オランダ国民のほとんどは、地震というものを生まれてから一度も体験したことがなかったりする。それだけヨーロッパの地面は安定しており、動かない（ただしイタリア周辺は別）。

それに対し、日本の地面はダイナミックに動く。国中がすっぽりと環太平洋造山帯の中に入っているため、地震、火山、土石流、台風、津波、地滑り、雹といった災害は、毎年のように起きる。日本に住んでいる限り、災害は必ずやってくる宿命と覚悟する必要がある。そういった中で、オランダ式のガラス張りのハウスを建て、数千万円から数億円の機材を導入したとしても、はたして度重なる災害を乗り越えて、それを上回る利益を上げられるかというと、現実的にはかなり厳しいのではないだろうか。

話を野菜・果物の輸出に戻すと、オランダ、ベルギーについで、イスラエルが来ている（その間にあるコスタリカ、チリ、ニュージーランドなどは、バナナ、パイナップル、キウィなどの輸出に特化しており、あまり日本農業の参考にはならない）。イスラエル農業を知らなかった人は、イスラエルがそんなに輸出をしているという事実に驚かされるであろうが、本当にヨーロッパに行くと、イスラエルからの果物や野菜がスーパーにたくさん並んでいることに気づく。

そしてイスラエルがいったいどの国に輸出しているのかを詳しく見てみると、実はオランダを上回るすごさが浮き彫りになってくる。というのも、オランダは輸出世界一とは言っても、実はすぐ隣国にしか輸出していないからだ。輸出先は、ドイツ、イギリス、ベルギー、イタリア、スウェーデン、ポーランド、フランスとほぼ決まっている。

それらの国々はとても近い。オランダからドイツへの輸出とは、実は東京―青森間と同じぐらいの距離でしかない。ロンドンへの輸出でも、東京―札幌間ぐらいのものだ。はたしてそれを「輸出」とカウントしてよいものだろうか。

それに対し、イスラエルは本当に遠い距離を輸出している。イスラエルの主な輸出作物は、ピーマン、パプリカ、ナツメヤシ、アヴォカド、ニンジン、カブ、グレープフルーツ、ジャガイモなど多様であり、その行き先は、イギリス、ドイツ、フランス、アメリカ、ロシア、カナダ、ブラジル、インドなど、まさに地球全体に輸出している。そういった意味では、イスラエルこそが世界最大の輸出国と見なしてよいのかもしれない。そしてイスラエル農業は、オランダ農業ほどお金のかかるものではない。もっと少ない投資で、確実に利益を上げることができている。そういう意味でも、災害の多い日本に応用がしやすいだろう。

では、肝心の日本はどうだろうか。どれくらい、海外に輸出しているのだろうか。統計を調べてみると、驚かされる。というのも、日本はほぼ何も輸出していないからだ。野菜・果物の中で日本が輸出しているものといえば、およそ2つだけ、リンゴとお茶のみだ。それでも、その輸出量たるや微々たるもので、国内で生産されたリンゴ、お茶のうちの、それぞれたった4・2%、5・3%しか輸出していない（表1-4）。行き先は、台湾、香港、中国、シンガポール、タイとなっている。

そしてその2つ以外は、もう輸出量は限りなくゼロに近い。ブドウは全生産量の0・64%、モモが1・03%、イチゴが0・33%という数字であり、野菜となるとさらに

表1-4　日本の果物・野菜輸出トップ10

順位	作物	輸出金額（億円）	輸出量（トン）	国内生産量（トン）	輸出率%（輸出量/生産量）
1	リンゴ	133	32,458	765,000	4.24
2	茶	118	4,251	80,200	5.30
3	コメ	35	26,721	10,055,000	0.27
4	ブドウ	23	1,147	179,200	0.64
5	モモ	12	1,308	127,300	1.03
6	イチゴ	11	526	159,000	0.33
7	タマネギ	9	20,764	1,243,000	1.67
8	サツマイモ	9	2,291	860,700	0.27
9	ナシ	8	1,472	278,100	0.53
10	ミカン	5	1,870	805,100	0.23

（FAOデータより著者作成）

小さくなる。キャベツは全生産量の0・07%、ニンジン0・10%、米が0・27%であり、トマト、ピーマン、キュウリ、ホウレンソウ、ナス、ネギ、ジャガイモ、トウモロコシなどにいたっては0・00%、となっている。世界トップレベルにたくさんの野菜を栽培しているというのに、世界に輸出しているのは、ほぼゼロということがわかる。世界をまったく見ていないのだ。

参考までにイスラエルやオランダがどれだけ輸出しているかというと、イスラエルは国内でつくったニンジンの60%を世界に輸出している（表1-5）。ナツメヤシは100%以上、ミカン67%、グレープフルーツ32%、アヴォカドは25%、ジャガイモ37%、ピーマン・パプリカ25%、マンゴー39%となっている。作ったものの4分の1以上を遠いヨーロッパ、ロシア、ブラジル、インドなどに輸出しているのだ。日本との差に驚かされることだろう。

輸出率で言えば、オランダはさらに興味深い。オランダは、国内で作ったトマトの110％を輸出している（表1-6）。ピーマンは109％、キュウリが95％、レタス88％、イチゴ84％、ナシ84％となっている。輸出率が100％を超えているものがいくつかある。この意味を理解できるだろうか？

これはつまり、オランダは自国で生産しているよりもずっと多くを輸出していることを意味している。すなわち、大量に輸入して、それをもまた輸出しているのだ。面白いのは、ブドウを見てみると、オランダは350トンしか生産していない。でも、輸出量となると、27万9383トンもある。その差27万9033トンは輸入していることがわかる（実際のオランダのブドウ輸入量は33万8948トン）。そのため、輸出率（輸出量／国内生産量）を計算してみると、7万9824％とむちゃくちゃな数字になる。同じように、菜種の輸出率は1万7001％になるし、メロンは9597％、大豆、アヴォカド、ココア、バナナにいたっては、国内でまったく生産していないのに、輸出は大量にしているので、輸出率は無限大（∞）という計算になる。

輸入してまで、大量に輸出する。そんなオランダのような農業を、多くの日本人は想像すらしたことがなかっただろう。それが「鎖国」と私が呼んでいるゆえんである。海の外、

表1-5　イスラエルの果物・野菜輸出トップ10

順位	作物	輸出金額（億円）	輸出量（トン）	国内生産量（トン）	輸出率%（輸出量/生産量）
1	ナツメヤシ	154	86,890	43,200	201
2	ミカン	123	110,659	164,000	67
3	ピーマン	109	48,212	189,149	25
4	ジャガイモ	103	222,756	597,677	37
5	ニンジン	69	171,215	287,355	60
6	グレープフルーツ	64	56,454	176,000	32
7	アヴォカド	45	25,324	101,500	25
8	マンゴー	40	17,521	44,801	39
9	サツマイモ	10	8,580	38,319	22
10	柿	8	4,195	27,000	16

（FAOデータより著者作成）

表1-6　オランダの果物・野菜輸出トップ10

順位	作物	輸出金額（億円）	輸出量（トン）	国内生産量（トン）	輸出率%（輸出量/生産量）
1	トマト	1,766	992,601	900,000	110
2	ピーマン	1,033	396,061	365,000	109
3	ブドウ	772	279,383	350	79,824
4	ジャガイモ	738	1,626,368	6,534,338	25
5	アヴォカド	664	195,924	0	∞
6	タマネギ	526	1,231,143	1,449,400	85
7	ココア	521	147,211	0	∞
8	バナナ	458	505,578	0	∞
9	キュウリ	455	350,777	370,000	95
10	菜種	431	897,491	5,279	17,001
12	大豆	412	902,225	0	∞
13	ナシ	330	315,902	374,000	84
17	イチゴ	263	48,425	57,500	84
23	レタス	179	104,517	118,200	88
25	メロン	155	132,337	1,379	9,597

（FAOデータより著者作成）

世界の農業はここ数十年でものすごい変化を遂げている。日本は、そんな海外の変化をまったく見ていない。世界に売ろうという気はまったくない。狭い国内しか見ておらず、いまだ都道府県ごとの産地競争に明け暮れている。それが、日本農業を冷静に外から眺めたときに見えてくる姿だ。

4 関税は世界では非常識?

それでも、「日本は地産地消が一番。海外に目を向ける必要なんてない」と思う方も多いであろう。それができるのなら、確かにそれもよいかもしれない。実際、日本は戦後70年、ずっとそのように国を閉ざしてやってきた。でも、それはもうできない。前述したように、2018年12月からTPPが始まり、2019年2月からはヨーロッパとのEPAも始まった。コメ、インゲン豆、小豆を除くあらゆる作物が、最終的には関税がほぼゼロになるか、大幅に減らされることとなった。つまりこれから数年をかけて、海外から安い農産物がなだれ込んでくるようになる。

それに対して、未だに農業関係者の間では「高い関税をしき直して、海外農産物を閉め出せ」という考え方が根強い。国民の多くも、「農作物に高い関税をかけるのは当たり前」と思っている方が多いのではないだろうか。しかし、それは世界からすると、とても非常識なことと認識する必要がある。たとえば途上国と呼ばれるアフリカやアジア、南米の国々の多くは、かつては日本と同じように高い関税をしいて鎖国をし、自国の農業を守ろうとしてきた。しかし、今それらの国々のほとんどは、IMF（国際通貨基金）や世界銀行によって無理やり開国させられている。借金をかたに、ほぼ力ずくで開国させられたのだ。

たとえば私が毎年訪れているネパールも、元々は日本と同じように鎖国をして、多額の補助金で農家を守ってきた。それが今では開国させられてしまっている。自分たちでそうしようと決めたのではなく、IMF（国際通貨基金）や世界銀行からの巨大な圧力によって無理やり関税を撤廃させられたのだ。補助金もゼロにさせられ、農業が丸裸にされてしまった。その結果、インド・中国に飲み込まれる形で、ネパール農業は崩壊した。

IMFや世界銀行というのは、先進国からの出資によって成り立っている。アメリカが1番の出資国であり、2番目が日本となっている。つまりネパール人の目には、「アメリカや日本が自分たちの農業をだめにした」と映ってしまっていることだろう。それなのに、当の日本はというと、コメに788％、コンニャク芋に1700％もの高関税をかけ、ネパールのGDPよりも高額な農業補助金で農家を守っている。世界から見ると、こんなずるい話はない。

日本の報道だけ見ていると、「関税と補助金で農業を守ることは当たり前」と思ってしまいがちであるが、世界の潮流から見ると、それはずいぶん非常識なことだと気づく必要がある。

5 日本の農業補助金は世界トップ

TPP、EPAが始まった今、日本国内であっても、海外の農産物と戦っていかねばならない時代となってしまった。はたして、そのとき日本の農業は勝てるのだろうか。

前述したように、一番の脅威はヨーロッパだ。ヨーロッパから「安くて、おいしくて、おしゃれで、農薬の少ない野菜と果物」がやってきたとき、日本の農家は窮地に陥ることになる。このまま手をこまねいていれば、間違いなく滅びていくことだろう。

日本はどのような対策をするべきなのだろうか。

本書では、もちろんその対策をきちんと提案する。だがその前に、これまでの日本の戦い方を知っておく必要がある。というのも、今までのその方法は、もうこれからの時代には通用しないからだ。

日本の今までの戦い方は、一言でいうと、弱気で後ろ向きな戦略だった。基本路線としては、「海外とは関わり合いたくない。国を閉ざして、日本だけでやっていこう」というものだ。それを実現するために、高い関税を設定して、海外からの農産物が入ってこられないようにしてきた。

だが、表1－1で見たように、これから4〜11年をかけて、多くの関税は撤廃されていく。つまり、もはや関税で国を閉ざすことはできなくなってしまったのだ。では、次はどのような作戦を考えればよいだろうか。

日本のこれまでのやり方では、関税が無理ならば、補助金で農家を守ろうという戦略だった。実はこの補助金の交付額が、日本はものすごい。天文学的数字といってもいいほど巨額になっている。

日本政府が農家たちに対してどれだけの補助金を支払っているか、それを表すよい指標をOECD（経済協力開発機構）が公表している。それはPSE（Producer Support Estimate）という指標で、日本語では「生産者支援推定」と直訳されている。その最新の値が図1－1となっている（OECD Stat 2019）。

このPSEとはいったい何かというと、農家の農業収入のうち、何パーセントが補助金によるものかを表している。日本の数値を見てみると、49%となっている。これは、たとえばある農家の農業収入が1千万円だとした場合、そのうちの490万円は、実は国からの補助金ということを意味している。すごい値ではないだろうか。収入の半分は、国からの補助金でまかなわれているというのだ。

もちろん、それは農家が直接490万円を現金でもらっているということではない。日本の場合は、作物の価格を高く維持するために使われている分が大きく、その他にも灌漑を整備するための費用とか、ビニールハウスを建てるときの補助とか、そういった諸々の補助金すべてを含めて、農家1世帯あたりの恩恵を計算したものが、PSEである。

日本はこのPSEが50%近くと世界的に見てもトップレベルに高い。それだけ、日本はたくさんのお金を支払って、農家を守っている。EUのPSEは18%しかなく、アメリカはさらに少ない9・8%しかない。農業大国のオーストラリアやニュージーランドは2%以下しかなく、全然国が守らずとも、農家たちは自力で戦っていることがわかる。

今見たPSEは割合(パーセント)だったが、これを国の総額で見たら、どういうことになるだろうか。つまり、国としていったいいくら、農家を守るために使っているのだろうか。それを表したのが、図1-2である。

図 1-1　農業補助金（PSE）の世界ランキング

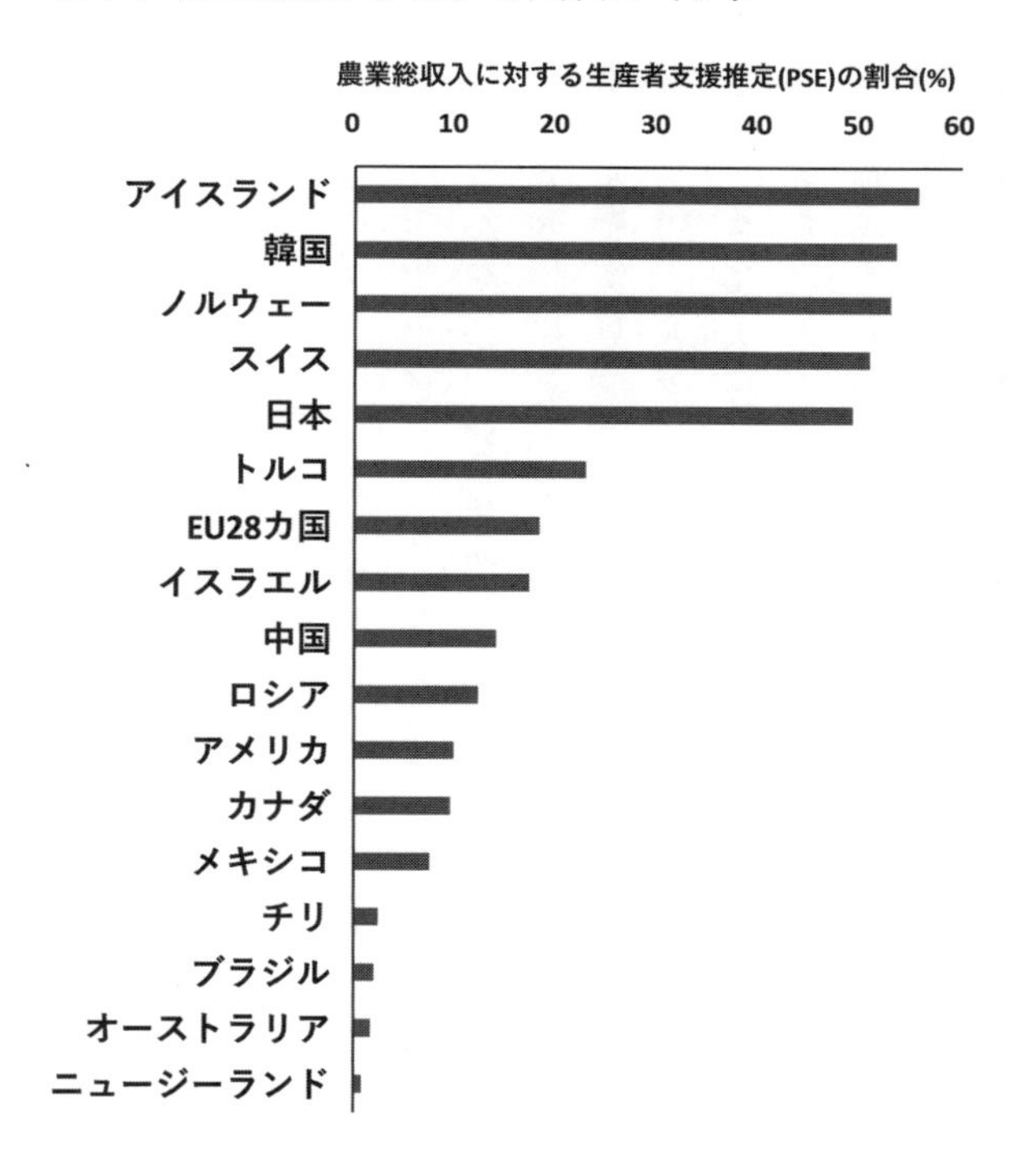

これを見てみると、まず中国が突出して大きいのがわかる。次いでEU、そして日本、アメリカとなっている。中国の大きさが確かによく目立つのだが、先ほどの図1－1で見たように、農家1世帯あたりのPSEに直すと、実は中国はたったの14％しかない。つまり、中国は農家の数が膨大なので、その補助金の総額も膨大になるが、農家1人あたりで見てみると、そんなに手厚く保護しているわけではないことがわかる。

そして2番目のEUは、確かに総額では多いが、これはEUの28ヵ国を合わせた数値であり、もし28で割るのならば、たいした数値にはならない。それに対し、日本はこんな小さな国にもかかわらず、農業補助金の額はアメリカをも上回る424億9400万ドル（およそ4・6兆円）にもなっている。実質世界一の農業補助金と言っていいだろう。つまり、世界の水準から見ると、日本とは異様なまでに膨大なお金を使って、農家を守ろうとしている国ということがわかるだろう。これが世界の視点から見えてくる日本の姿なのだ。

ところで、その膨大な補助金は、いったい誰が支払っているのだろうか？

もちろんそれは日本国民だ。補助金とは、みんなの血税から支払われる。日本の農業を守るために税金を使わねばならないということは、みんなわかっている。でも、こんなにも多額の補助金が使われていることを、はたしてどれだけの日本人が知っているだろうか。アメリカよりも多い金額を、なぜ日本国民は払っているのだろうか。もし日本人の全員が

図1-2　世界各国の農業補助金（PSE）支給総額の比較

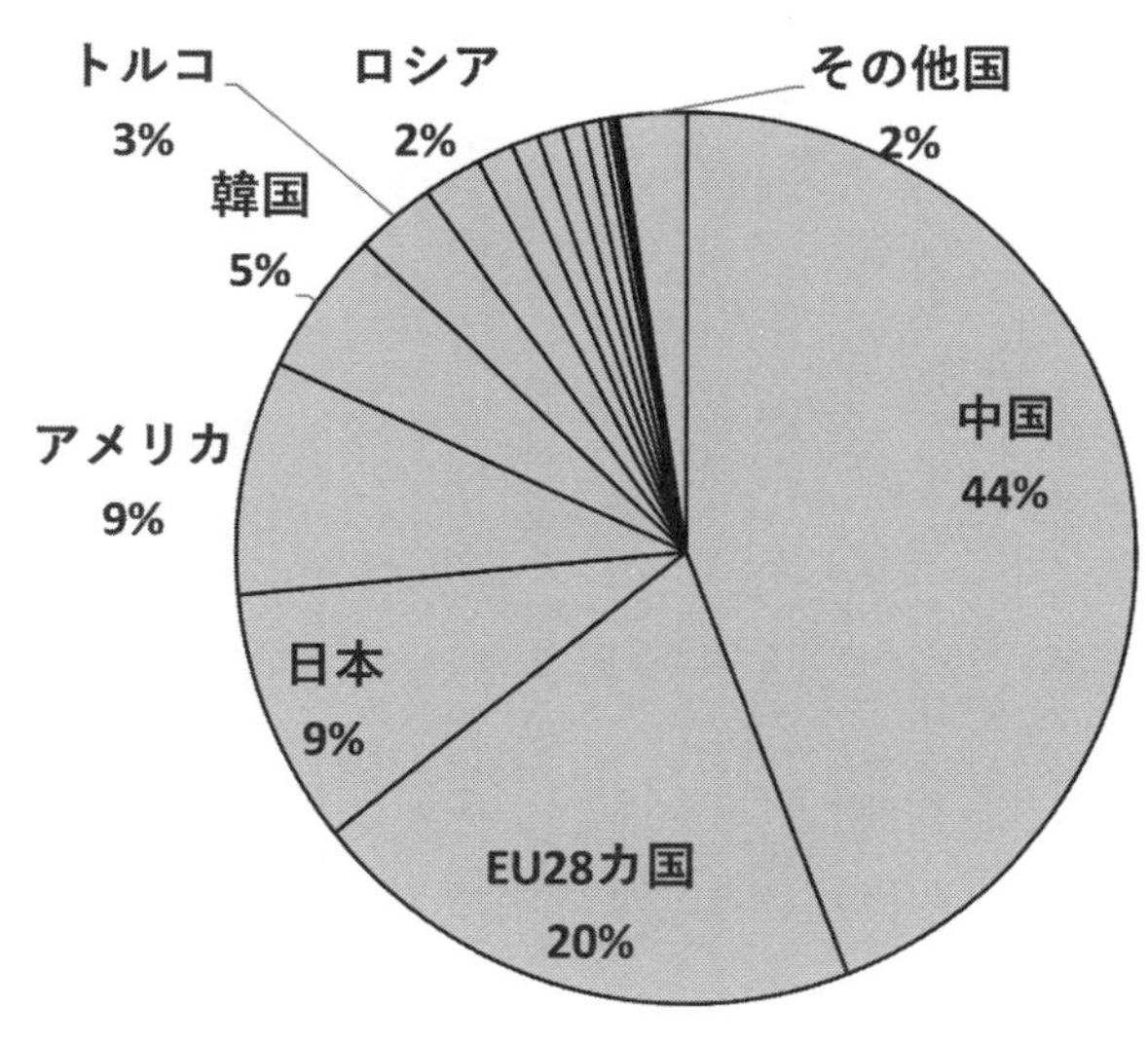

この事実を知ったら、大きな問題に発展するのでは、と予想される。「なぜ農業だけそんなにお金をつぎ込むんだ」と訴える人が現れるかもしれない。

だが、今までにそういう報道を見たことがあるだろうか。「日本は農業に税金を使いすぎだ。もっと補助金を減らすべきだ」などという報道を目にしたことがあるだろうか。もちろんニュース自体はあるだろうが、それを問題視する国民は多くはない。「日本の農業を守るためなら、しかたない」そう考える人がほとんどだろう。

実はそれも、日本の弱気でネガテ

ィブな戦略の一つと言っていい。つまり、どれだけ農業にお金をつぎ込もうとも、国民から批判が上がってこないような空気が用意周到につくられているのだ。そのための一番の武器が、「食料自給率」という奇妙な数字だ。

本章の冒頭にあげた農業問題、すなわち高齢化、農家の減少、耕作放棄地増加、低い食料自給率、これらは実はどれもまったく問題ではない、と述べた。すべて可決可能な問題であり、大騒ぎするほどのことではない。むしろ本当の問題は別のところにある。それは、海外の事情を調べてみれば、すぐにわかる。でも、日本ばかり見ていると、まるで洗脳されるがごとく、これらの問題をすり込まれてしまう。

「日本はどうやって海外と戦っていくべきか?」をきちんと提案することが本書の目的であるが、このあたりの誤解を整理しないことには、先へ進むことができない。なので、少し遠回りになって申し訳ないが、まず植え付けられた誤解を解く作業を一緒にしていただきたいと思う。そうすると、なぜ日本は国をあげてこんなにもゆがんだ農業を推進しているのか、その理由が見えてくるようになる。そしてその先に、本当にするべきことがようやくわかってくるはずだ。

植え付けられた誤解を解いていくために、食料自給率の話を避けて通ることができない。この誤解を解くことが、真の解決策を考えるためには必須となる。

6　食料自給率の嘘

日本人は「農業問題」と聞けば、まっ先に「食料自給率」を思い浮かべるだろう。そのような教育を小学生の頃からされている。「日本は食料自給率が低くて危ないね」と授業の中で教えられる。農林水産省の発表によると、最新2017年の食料自給率は38％となっている（図1－3）。

38％とは、確かに大問題ではないだろうか。つまり62％の食料は、海外に頼っていることになる。そんな状況で、もし戦争が起きて、食料を輸入できなくなったら、国民の62％は飢え死にしてしまうのではないか、と恐ろしくなってしまう数値だ。

そう、38％という数値だけを見ると、「日本の食料は危ないんじゃないか」と不安になってしまうのは無理もない。だが、この38％とはいったいどうやって計算されているのか、しっかり吟味してみると、まったく違った意味が見えてくる。

現実を見てみよう。スーパーの野菜売り場に行って、野菜や果物を見てほしい。いったい何割が国産で、何割が外国産だろうか。本当に38％しか国産がないだろうか。

確かに外国産のものもいくつかはある。でも、決して多くはないはずだ。みなさんが夕飯の材料として買っている野菜も、ほとんどが国産のはずだ。実際、スーパーの野菜売り場の7～8割ぐらいは国産だと思われる。なのに、なぜ自給率は38％とあまりに低い値なのだろうか。

その秘密は、自給率の計算方法にある。日本の食料自給率は、「カロリーベース」という不思議な計算方法がとられている。カロリーベース自給率というのは、日本が発明した計算方法で、世界でこんな奇妙な計算方法を採用している国は一つもない。農林水産省によると、FAO（国連食糧農業機関）、スイス、ノルウェー、韓国、台湾がカロリーベース食料自給率を公表しているとしているが、それらの計算方法は、日本のものとは異なっている。またそもそも「食料自給率」という概念に、これほどこだわっているのも、日本だけである。

では、日本式カロリーベース自給率とはいったい何かというと、野菜とかお肉とか牛乳とか、食べ物すべてを熱量（カロリー）に置きかえて、その全体カロリーのうち何割が国産かを示したものだ。このカロリー自給率を用いると、日本の自給率はとたんに低くなる。

図1-3　農林水産省が作成した世界の食料自給率

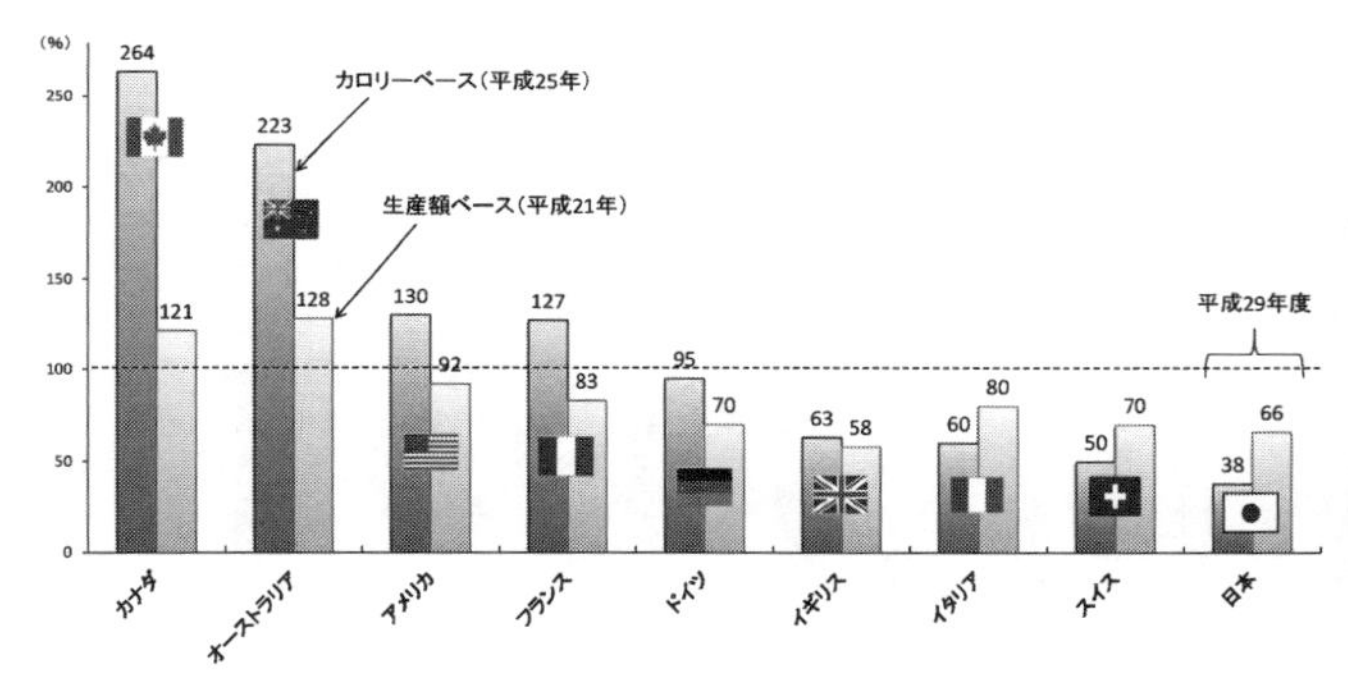

（農林水産省ホームページより引用）

そのからくりは、大きく二つある。

一つは、すべてをカロリーに置きかえて計算しているということ。それがどういうことかというと、野菜や果物は、自給率にほとんど関係しなくなることを意味している。なぜなら、野菜や果物はカロリーが低いからだ。野菜が増えようが減ろうが、カロリーに換算してしまえば、微々たる増減でしかない。農家ががんばってたくさんの野菜を生産すれば、日本の自給率は上がるように思える。でも、それは間違いで、38％の数値は1％もあがらない。ホウレンソウなんて、１００ｇで18ｋｃａｌぐらいしかない。つまり、カロリーで計算している限り、いくら国産野菜を増やそうが、そんなことはほとんどまったく数値に反映されてこないのだ。

では、何がカロリーベース自給率で効いてくるかというと、当然カロリーの大きなものということになり、それは肉とか油とか小麦とか砂糖とかいうものになる。そうなると、日本は油、小麦、砂糖の7〜9割を輸入しているので、当然自給率ががくんと落ちることになる。

さらには、二つ目のからくりがある。実は日本のカロリーベース自給率では、和牛は日本産にカウントされていない。和牛とは名前の通り日本で育てられた牛のことだが、実は外国産として計算されている。その理由がわかるだろうか。それは、牛が食べている餌が、アメリカ産のトウモロコシだからだ。食べている餌が外国産なら、その肉も外国産という計算になってしまっている。つまり、和牛農家ががんばればがんばるほど、日本の自給率は下がるという仕組みだ。

しかも、肉だけじゃない。牛乳も卵もすべてそうなのだ。みなさんは、外国産の牛乳を飲んだことなんてあるだろうか。あるいは外国産の卵を買ったことがあるだろうか。おそらく一度もないだろう。しかし、日本の自給率を計算してみると、驚いたことに牛乳の74%、卵の88%が外国産ということになっている。我々が毎日食している牛乳と卵は、ほぼ外国産らしいのだ。その理由は、先ほどと同じように、餌が外国産のためだ。こんな餌にまでさかのぼって自給率を計算している国なんて、世界中探しても、他にどこにもない。

こういった不思議なからくりがあるおかげで、日本の食料自給率は38%と低い値になっている。実は、このカロリーベースという奇妙な計算方法をとっている限り、食料自給率が上がることは決してない。もし日本の耕作放棄地や休耕田をフルに活用して、最大限に農業生産を高めたとしても、50％に届くことはないだろう。70％や80％になることは、絶対にない。そういう計算方法になっているのだ。

では、なぜ日本はわざわざ牛や豚の餌にまでさかのぼって計算しようとするのだろうか。それは、もちろん食糧安全保障のためだろう。つまり、外国産の餌を食べている牛や豚は、いくら日本で育てられていようとも、もし戦争とかが起きて、それらの餌を輸入できなくなってしまえば、すぐに死ぬことになる。そんな頼りない存在を、自給率の中で「国産」として扱うことはできない。そういう理論だろう。

確かにその考え方にも一理ある。しかし、そんなことを言い出したら、きりがない。もし餌にまでさかのぼろうとするのなら、実はコメにしても、野菜にしても、あらゆる農産物を「国産」から除外しなくてはならなくなる。というのも、コメも野菜も種をまけば勝手に育つ、というものではない。当然肥料が必要になる。農薬も必要になる。では、肥料や農薬とはどこから手に入れているのだろうか。

それを知りたければ、肥料や農薬とはいったい何からできているのか、原材料を知ることが大切になる。ほとんどの人は知らないと思うが、化学肥料や化学農薬の原料は、実は原油と天然ガスだ。つまりプラスチックと同じように、肥料も農薬も実は石油からつくられている。言い換えると、我々は石油から米や野菜を作っている。ある研究者の試算によると、アメリカ人は一人あたり、年間2000リットルの石油を飲んでいる計算になるという。作物とは、今や土によって育つのではなく、石油によって育てられているのだ。

肥料や農薬だけではない。トラクターの燃料、ビニールハウスの暖房、作物の輸送、農業のあらゆる場面で石油が必要になっている。となると、その石油はどこから手に入れているのだろうか。当然海外からの輸入だ。もし戦争とかになって、海外からの輸入がストップするという事態になれば、肥料も農薬も手に入らなくなる。日本でコメや野菜を作ることがほぼ無理になる。作れるのは、昔ながらの堆肥や厩肥で作れる分だけだ。そうなると、1億人を養うのはとても無理だ。この狭い国土で、堆肥だけで養える人口は、おそらく江戸時代ぐらいの人口が限界だろう。

多くの人は、食糧自給率を高めておけば、戦争などで輸入がストップしても、なんとか国産の食料だけで生き延びることができる、と信じている。しかし、このグローバル化の時代にあっては、それは正しくはない。輸入がストップしてしまえば、コメや野菜もすべて作れなくなってしまう。自給率がいくら高くても、そんなことは関係なく、日本はたいへんな食糧危機に陥ってしまうのだ。

食料安全保障という視点に立つならば、「いかに食糧自給率を高めるべきか（つまり国産の割合をいかに高めるか）」を追求するよりも、「そもそも輸入がストップしないようにするには、どうしたらよいか」を考える方が理にかなっているだろう。つまり、戦争などが起きて、A国からの輸入がストップしてしまったときには、すぐさまB国から輸入できるように、普段から諸外国との連携を密にし、多角的なチャンネルを構築しておくことが望ましい。

グローバル化した現代にあっては、一国だけで食料のすべてをまかなおうという発想は現実的ではない。そのため、もはや先進諸国は「食糧自給率」という数値にそれほどこだわってはいないない。国連（FAO）もそんな数値は発表していない。もちろん穀物自給率や食料バランスシートぐらいは、発表している。でも、日本のように総合的な食料自給率をわざわざ作成し、それを前面に押し出して、毎年政府発表している国など他にない。ましてや餌にまでさかのぼって計算している国などあるはずがない。意味がないとわかっているからだ。

日本のカロリーベース自給率の矛盾点をもう一つ指摘するなら、さきほど、日本の農地をフル活用しても、自給率50％を超えるのは無理だ、と述べた。だが、実は1つだけ方法がある。それは、日本人の食生活を第二次世界大戦と同じレベルにまで落とすことだ。つまり、肉も魚も食べるのをやめて、油も砂糖も牛乳も卵も使わない。パンやお菓子やケーキやまんじゅうなどの贅沢品は一切食べない。ジュースも飲まない。お酒も飲まない。食べるものといえば、芋とコメだけ。飲むのは水だけ。そういう生活をするならば、自然と自給率の数値は上がる。90％越えも夢ではない。でも、それがはたしてみんなが目指している「食料自給率が向上した姿」だろうか。

こうして順を追って検討してみると、いったい食料自給率とはそもそも何なのだろう、と考え込まざるを得なくなるだろう。いったいこの数値にどれほどの意味があるのだろうか。

とくにカロリーベースという不思議な計算方法をとる意味がまったくわからなくなってくる。そういう批判もあって、農林水産省は数年前から、「カロリーベース自給率」と並んで、「生産額ベース自給率」も公表するようになった（図1－3）。生産額ベースとは、食料のすべてを金額に換算して、そのうちの何割が国産かを示したものだ。

その生産額ベース自給率で見てみると、日本は2017年で66％となっている。カロリーベース自給率の38％と比べると、かなり大きい。生産額ベースで見るならば、おおよそ7割は国産ということになり、「なんだ、とくに問題ないではないか」という印象になることだろう。実際、イギリスの生産額ベース自給率は58％と日本よりもずっと小さい。ドイツが70％、農業大国フランスでさえも83％、アメリカは92％と、それらの先進国と比べてみても、日本の66%は決して遜色ない。そう、実際のところ日本の自給率は、みんなが信じ込まされているほど、悪くはないのだ。

では、なぜ農林水産省は、カロリーベース自給率にこだわるのだろうか。なぜ世界のどこも使わない不思議な計算方法を発明して、その数値にこだわっているのだろうか。そこには、もちろん明確な理由がある。

7 カロリーベース食料自給率を発明した目的

なぜ日本はカロリーベース自給率という奇妙な計算方法を発明したのだろうか。

その理由で一番大きなものは、海外へのアピールだったと考えられる。というのも、カロリーベース食料自給率の計算方法が発明されたのは1987年。国際的には、ガット・ウルグアイラウンド(GATT Uruguay Round)がその前年の1986年から始まっている。その国際交渉の中で、日本は世界中から責め立てられていた。「農作物に対する関税を撤廃しなさい」と。でも、日本は断固としてそうしたくはなかった。「コメを一粒たりとも日本に入れるな」というのが、当時の日本のスローガンだった。そこで発明されたのが、カロリーベース自給率だ。目的は、日本の農業がいかに弱いかを世界にアピールすること。「世界のみなさん、見てください。日本の自給率はこんなに低いんです。これで関税をなくして開国したら、日本の農業は滅びてしまいます。それだけは勘弁してください」と言うためだ。

そうやって日本は、自分たちの農業がいかに弱いかを海外に訴えることで、かたくなに関税を維持しようとしてきた。それは、日本人の目から見ると普通に思えるかもしれないが、さきほどネパールの例でも見たように、国際社会から見ると、たいへん身勝手な行動と映ってしまっている。

そもそもガット・ウルグアイラウンドは、「大いなる手打ち(the grand bargain)」と呼ばれた。理由は、最終的に途上国側が大幅に譲歩することによって、なんとか妥結にまでこぎ着けることができたからだ。このウルグアイラウンドと呼ばれる1986年から1994年までの交渉では、工業分野に関する交渉がメインだった。工業製品に対する関税を世界中で下げることにより、国際的な貿易を活発にしようと狙ったものだった。それによって、日本などはたいへんな恩恵を受けた。日本製の自動車や電気製品が世界中で爆発的に売れるようになったからだ。

一方途上国はどうだったかというと、当初から工業製品の関税を下げることには反対だった。それは当然だろう。自国の工業が未熟なうちに、海外から良質の自動車や電気製品が入ってきてしまったら、自国の工業は永久に伸びることができない。だから、日本が農業を守ろうとしているのと同じように、途上国は工業製品に高い関税をかけて、自国の工場を守りたかった。だから交渉をかたくなに拒んでいたのだが、最終的には大きく譲歩することになる。それが「大いなる手打ち」と呼ばれる取引で、先進国と途上国の間で、ある約束事が取り決められた。それは、「途上国が工業製品への関税を減らすのと引き換えに、先進国も農業と繊維分野に対する関税と補助金を廃止する」という約束だった。つまり、日本も含めた先進国は、このガット・ウルグアイラウンドの時点で、世界に対して約束をしたのだ。農業に対する関税と補助金をなくしていきますよ、と。

では、その後実際にはどうなっただろうか。

約束はまったく守られなかった。先進国は関税を減らすどころか、さらに高くしていった。農業補助金も増え続けた。そうして90年代後半に入ると、途上国はまんまとだまされたことに気づいた。先進国は約束を守る気などさらさらなかったのだと。そのために、ガットに続くWTO交渉では、途上国は最初から敵対ムードだった。

WTOの会議が開かれるたびに、街頭には過激なデモ集団が集まり、車がひっくり返され、火がつけられ燃やされた。毎回警察や機動隊が出動する羽目になり、1999年のシアトル総会では、非常事態宣言が出されてしまったほどだ。そうしてWTOは最初から混乱続きで、2003年にメキシコ・カンクンで開かれたWTO閣僚会議では、先進国と途上国の利害が完全にぶつかり合い、交渉は決裂した。その後も会議を開くたびに暴動が発生し、もうどうにもならないため、世界はWTOによる統一ルールを半ば諦め、より狭いブロックに分かれ、その地域内でルール決めをしようという方向に向かい始めた。たとえばEU域内の貿易自由化、北アメリカのNAFTA、アジア太平洋のTPPといった具合だ。

このように世界的な視点から見ると、日本という国はしたたかというか、ずるい国に見えてしまっても無理はないだろう。途上国に対しては、散々「保護貿易をするな」「国を開け」と強要しておきながら、いざ自国のこととなると、「うちは食料自給率がこんなに低いんです。だから、勘弁してください」と言って完璧な保護貿易をする。日本が海外と対峙するときの姿勢は、常にこのような、自国の農業の弱さを訴えるアプローチだった。そして、そんな弱気で後ろ向きな戦略は、そっくりそのまま日本国内に向けても発信されてきた。それが、農家の減少や高齢化、耕作放棄地といった問題だ。

8　農家の減少は問題ではない

食料自給率の問題と並んで、日本で「農業」と聞いたときに人々がまず思い浮かべる問題が、「農家の減少」と「農家の高齢化」だろう。だが、実際のところ、それらはまったく問題ではない。その理由を説明しよう。

まず農家の数についてだが、確かに日本の農家は減少の一途をたどっている。そしてそれが大問題だと、新聞などでは報道されている。でも、実際のところは、農家の数はまだまだ多すぎるのだ。もっともっと減ってもいいくらいだ。ILO（国際労働機関）が農家

表 1-7　世界の農業従事者の割合

国名	農業従事者の割合%
ソマリア	86.2
中央アフリカ共和国	85.6
マラウイ	84.7
エリトリア	83.9
コンゴ共和国	81.9
ニジェール	75.6
マダガスカル	74.4
モザンビーク	73.3
ネパール	71.7
大韓民国	4.9
日本	3.5
ユーロ圏全体	3.2
フランス	2.9
デンマーク	2.6
オーストリア	2.6
オランダ	2.2
ノルウェー	2.1
カナダ	2.0
スウェーデン	1.9
アメリカ合衆国	1.7
ドイツ	1.3
ベルギー	1.3
イギリス	1.1
イスラエル	1.1

（ILOデータより著者が作成）

数に関する統計を公表しているが、たとえばアフリカのソマリアでは、全労働人口のうち86％が農家となっている。マラウイは85％、ニジェールは76％、ネパール72％、エチオピア68％。つまり、途上国と呼ばれる国々では、国民のほとんどは農家であることがわかる（表1－7）。一方先進国はどうかというと、アメリカは1・7％、ドイツ1・3％、ベルギー1・3％、イギリス1・1％、フランス2・9％、イスラエル1・1％とたいへん低い。国際的に見ると、こういうはっきりとした傾向がある。経済の発展とともに農家の数は減る。では日本はどうかというと、全労働人口の3・5％が農家になっている。つまり、先進国の中では多い方である。

ある研究者らが1800年代からの農家数の変化を推計しているが、それによると、世界中で農家の数が減っていることがわかる（図1－4、Roser 2018）。日本は1960年ぐらいから急激に減っているが、その傾向は世界も同じで、先進国の農家数はどこも急激に減っている。つまり、農家が減るというのは異常事態ではなく、経済が発展するのと並行して、当然起こるべき現象なのだ。そして先進諸国と比較すると、日本はまだまだ農家数が多いと言ってもいい状況にある。

なぜ先進国では農家数が減っているのか、その理由は、農家1戸が経営する面積が、どんどん大きくなっているからだ。農家1戸あたりの経営耕地面積は、日本では2018年

図 1-4　1800 年代からの農業従事者の推移

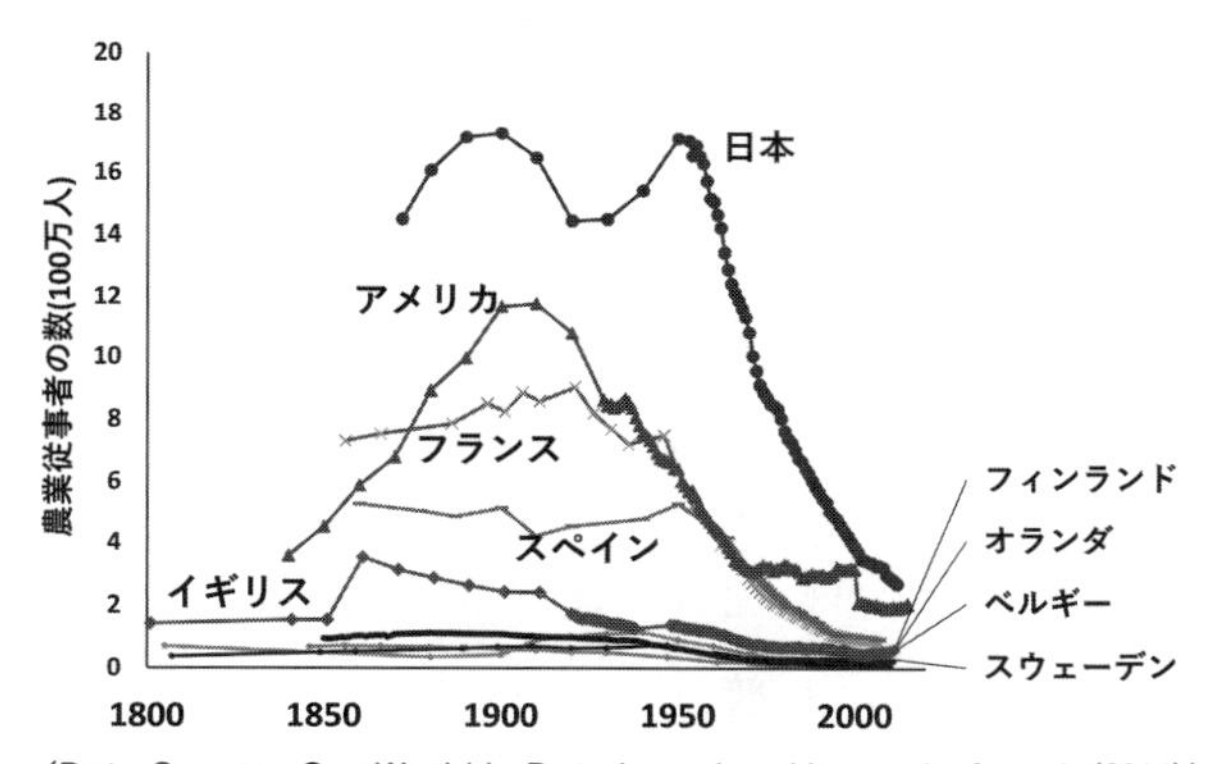

(Data Source: Our World In Data based on Herrendorf et al. (2014))

表 1-8　世界の平均耕地面積の比較

国名	1農家あたり平均耕地面積(ha)	データ更新年
日本	3	2018
アメリカ	180	2017
イギリス	90	2016
ドイツ	61	2016
フランス	61	2016
オランダ	32	2016
ベルギー	37	2016
オーストラリア	4,200	2017

（各国データより著者が作成。イギリス、ドイツ、フランス、オランダ、ベルギーはEUROstat、アメリカはUSDA(2018)、オーストラリアはAustralian Bureau of Statistics(2018)。イスラエルは1981年を最後にセンサスデータの公表をしていないため不明）

で2・98haとなっている。これは先進国においては極端に小さな数字で、オランダは農家1戸あたり32ha、ベルギーは37haとなっている（表1-8、Euro stat 2019）。ドイツは61ha、フランスも61ha、イギリスは90haそしてアメリカは180haとなっている（USDA 2018）。さらにオーストラリアにいたっては、4200haもある（Australian Bureau of Statistics 2018）。もちろん国土面積の違いもあるが、日本の1409倍と桁違いの数値だ（イスラエルは平均耕地面積を公表していないため、不明。最後の推計値は1995年となってしまっており、データが古すぎる）。

なぜ日本以外の国ではそんなにも農家1戸あたりの耕地面積が広いのかというと、単純にビジネスの結果だ。日本では、農業にビジネスのイメージを重ねる人は少ないが、海外では農業といえども、熾烈な国際競争を戦っている。強いものが勝ち、弱いものは破産して消えていく。「そんな世界は嫌だ」と日本人の多くは拒絶したくなると思うが、それは「好き、嫌い」とか「いい、悪い」の話ではない。現実問題として、世界はそういう弱肉強食の世界になってしまっているのだ。そしてそのような激しい戦いの中では、農家は広い面積で経営した方が、売り上げが大きくなり、コストも抑えられるので有利になる。だから、みんな耕地をどんどん広げようとする。

そのような戦いの様子を表したのが、図1-5だ。これを見ると、イギリスもドイツもフランスもオランダもベルギーも、1990年からの25年間だけで、1戸あたりの耕地面積がかなり大きくなっていっているのがよくわかる。それは裏を返すと、農家の数がそれだけ減っているということだ。そうやって先進国は、農家の数が減り続け、1戸あたりの耕地面積がどんどん増えていくという路線を今も歩み続けている。自動車、IT、電化製品、他のすべての産業と同じように、農業も地球全体が戦いの場となりつつあるのだ。

そんな中、日本はどうかと見てみると、図1-5にあるように、農家1戸あたりの耕地面積は、1990年代からまったく変わっていない。実はもっと昔からまったく変わっていない。農林水産省の統計によると、農家1戸あたりの耕地面積は、1960年で0・88ha、2018年で2・98haとなっている。つまり、58年間でたった2・1haしか拡大していない。たとえばイギリスは、この16年間だけで22haも拡大しており、それと比べると、日本は微々たる増加しかしていないことがわかる。

このように、日本の農地は細切れになっている。農家1戸がたった2・98haしか耕作していない。細切れということは、コストがかかりすぎ、経営の効率が悪くなることを意味している。その効率の悪さは、例えばトラクターの数にも表れてきている。世界銀行が、農地1㎢あたりにどれだけの数のトラクターがあるかを計算しているが、それによると、日本は世界ダントツ1位で多い。農地1㎢あたりに45台もある(World bank 2018)。アメリカは3台、イスラエルは7台しかない。ドイツ8台、ベルギー11台、オランダ16台となっている。いかに日本は過剰にトラクターを持っているかがわかるだろう。日本の場合、100m×200mに1台ずつある計算になる。どう考えてみても多すぎる。それは、農業機械の会社にとってはよいことかもしれないが、農業の効率性からみたら、膨大なコストがかかっていることを意味している。それでは、国際競争に勝てるはずがない。

日本だけ見ていると、このような自国の農業がいかに不効率かということに気づくことができない。繰り返しになるが、日本も2019年から開国させられた。これからは、国内といえども、世界と戦っていかねばならない時代に突入した。そのとき、こんな1戸あたり2・98haなどという生産効率で、はたして海外と戦っていくことができるのだろうか。普通に考えたら、まず無理だろう。このままでは、海外の巨大企業に飲み込まれてしまうかもしれない。

そういう世界の事情を理解したならば、「農家の数が減って困る」というニュースは奇妙に聞こえてくるはずだ。減って困るどころか、実際は、日本の農家はもっともっと減らないといけない。とくにやる気のない農家には退場してもらって、やる気のある農家に農地を集めないといけない。そうしない限り、世界と戦っていくことはできない。それは、農業を少しでも勉強したことがあるものなら、誰もがたどり着く当然の結論のはずだ。

図1-5　各国の農家1戸あたり平均耕地面積の推移

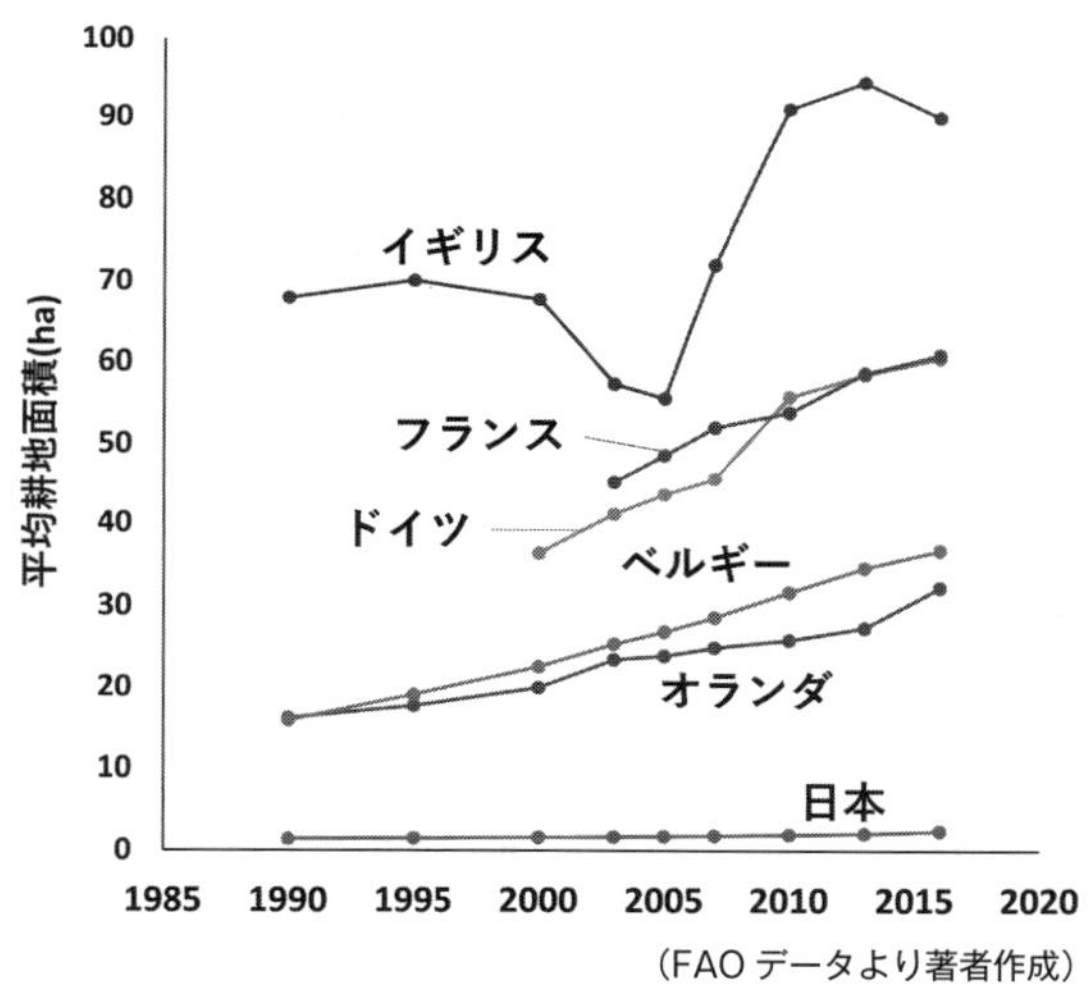

（FAOデータより著者作成）

もちろん農林水産省もそんなことは百も承知で、「意欲のある農家に農地を集めましょう」と昔から言い続けてきた。それは「農地流動化」とか「農地集積」という独特の用語で呼ばれている。農地集積は、すでに1960年ぐらいから必要性が叫ばれ、農地法や農振法（農業振興地域の整備に関する法律）など、様々な法律に反映されてきた。にもかかわらず、日本の農地集積はまったく進んでいない。2010年を過ぎたあたりから、後継者不足によって若干進んでいる感じはあるが、それでも世界と比べると、まったくといっていいほど農地は集積していない。

その理由は簡単で、これまで誰も本

気で農地集積などするつもりがなかったからだ。この場合の「誰も」というのは、農林水産省、政治家、農家の三者を指す。その三者は、建前上は「意欲のある人に農地を集めることが必要だ」と訴えながらも、実のところは、まったくそんなことする気がなかった。もし農林水産省や政治家たちが本気になって農家の数を減らし、農地を集積しようとするならば、それはおそらくそんなに難しいことではないはずだ。なぜなら、日本の農家というのは特殊で、偽農家がたくさんいるからだ。その偽農家に退場願えば、おおよそすべての問題は片がつく。農地面積も、ヨーロッパ並みの1戸あたり50haにすることも難しくはない。でも、それを本気でしようとしている人が、これまではいなかった。

今、偽農家というかなり乱暴な言葉を使ったが、それはこういうことを意味している。本書でいう偽農家とは、実は農業をしていないのに、農地を持っている人のことを指す。日本では、農地を持っている人は大きく3タイプに分類される。「販売農家」、「自給的農家」、「土地持ち非農家」の3タイプだ(図1-6)。

最初の「販売農家」という方々は、作物を生産して、売って、収入を得ている人たちのことを指す。つまりプロ農家のことであり、多くの人が「農家」と聞いてイメージする人たちのことだ。二つ目の「自給的農家」とは、農地を持っていて、そこで一応栽培もしているけど、収穫された作物を販売していない人たちのことを指す。すべての収穫物を家族

図1-6　農地を所有している人の構成

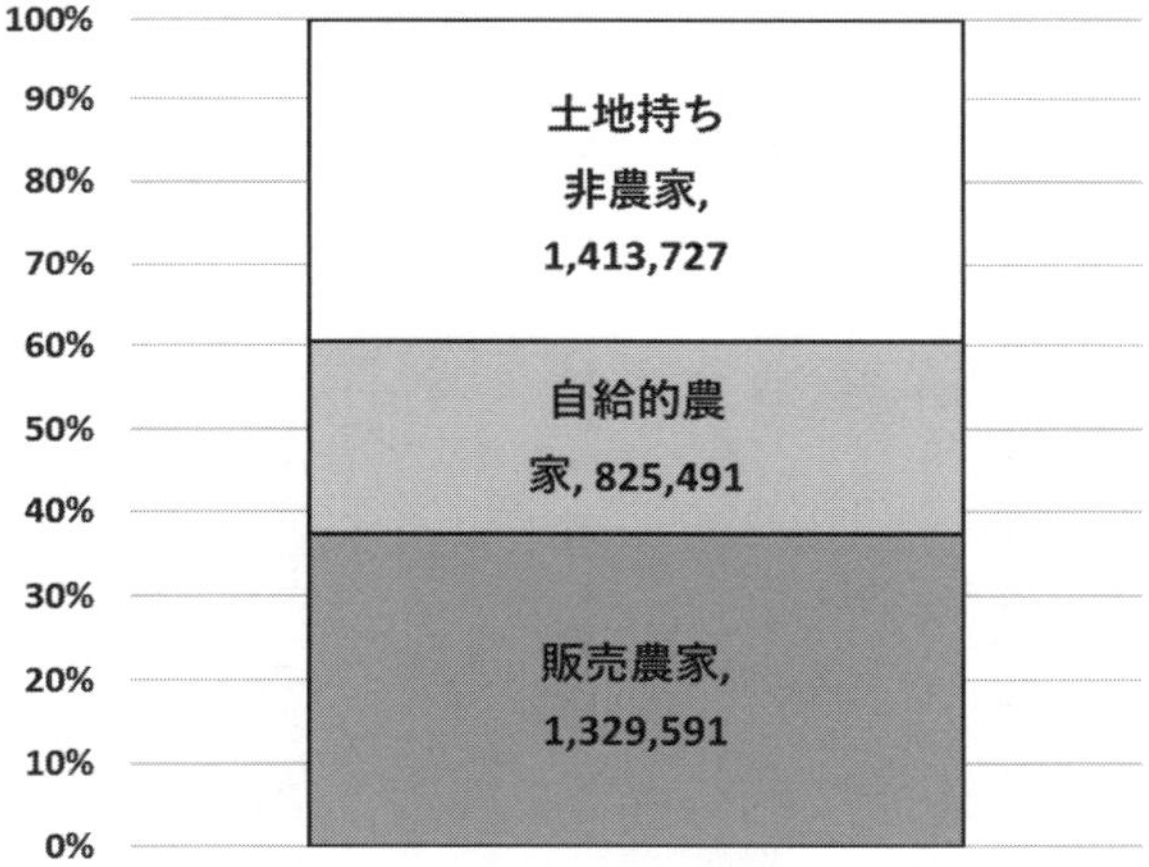

100%
90%
80%
70%
60%
50%
40%
30%
20%
10%
0%

土地持ち非農家, 1,413,727
自給的農家, 825,491
販売農家, 1,329,591

（農林水産省農林業センサスより著者作成）

や親戚、近所の人たちに分けて消費している。それはつまりプロではない。いわば趣味の園芸。農地を使って、巨大な家庭菜園をしている人たちのことだ。三つ目の「土地持ち非農家」とは、農地を持ってはいるが、もはや自分で栽培していない人のことを指す。

　ということは、本物の農家と呼べるのは、最初の「販売農家」だけであり、「自給的農家」と「土地持ち非農家」は農家とは呼べないことがわかるであろう。だから、偽農家と呼んでいる。そしてその偽農家がどれだけいるかというと、驚くべきことに、全体の6割がそうなのだ（図1-6）。不思議な話だろう。もし細切れの農地をまとめて、やる気のある農家に集積した方がいい、と本気で考えるのならば、この偽農家たちに農地を手放してもらって、プロ農家（販売農家）だけにすべてを明け渡せばいい。そうすれば、農家1戸あたりの耕地面積はかなり大きくなる。ヨーロッパと渡り合えるだけの競争力もつけられるかもしれない。しかし、実際のところ、そのようなことを誰もしたいとは思っていなかった。「それが正しい道なのかもしれない」と思いながらも、本気でそれを推進したいと考えている人はいなかった。その理由を説明しよう。

9　なぜ農地集積は進まないのか

まず一番大きな力を持っているのが、農林水産省だ。彼らが本気になれば、日本全体が動く。日本農業の形を根底から変えることができる。でも、農地の集積については、表向きには力強く推進しているように見せかけて、実のところはまったく本気でするつもりはなかった。少なくとも、これまでのところは。

その理由は、農林水産省の人たちにとって一番大切なことは何か、を考えてみると、すぐにわかる。彼らにとって一番大切なこと、それは自分たちの食い扶持を守ることだ。すなわち、仕事を守り、給料を守り、それに付随する強大な権力を守ること。それを成し遂げるためには、何をしたらよいだろうか。答えは、財務省から多額の予算を勝ち取ってくることだ。そうすれば、仕事はたくさん生まれる。そして予算が大きければ大きいほど、自分たちが持つ権力も大きくなる。

では、財務省から多額の予算を勝ち取るためにはどうしたらよいだろうか。一番よい方法は、「問題をつくること」だ。農業に問題が山積みであればあるほど、財務省からお金を取ってくる大義名分が立つ。逆にもし農業にたいした問題がないとなれば、そこに余計な予算を投入する必要がなくなる。財務省のお金というのは、国民から集めた大切な税金なので、問題のない省に配ることは許されない。だから、他の省もまったく同じだが、農林水産省も「うちは、こんなにも問題を抱えているんです」と必死で訴えることが大切になってくる。もし大きな問題が見つからない場合には、自ら問題を発明してしまおう、という発想にもなる。それが、カロリーベース食料自給率であり、農家の減少問題であり、農家の高齢化といった問題だ。つまり農林水産省にとっては、農業問題とは飯の種なのだ。問題はスムーズに解決されない方がいい。テキパキと問題が解決されてしまっては、困るのだ。いつまでも継続的に、大きな問題があり続けてくれた方がありがたい。

そう考えると、なぜ農地集積がまったく進まないのか、その理由が理解できるだろう。

60年も前から、巨額の予算を使ってキャンペーンしているのに、いっこうに効果は上がっていない。それは当然で、その方が都合がよかったからに他ならない。いったいこの「農地集積」のために、累計で何百兆円のお金が使われてきたのだろうか。

これが、これまでの農林水産省の立場だ（たださすがに、農林水産省は世界の動向に気づいているので、今までの方法ではまずいと感じている。そのため、数年前から国の舵取りが変わりつつある）。

次に政治家の立場を見てみると、彼らの最大の関心事は、やはり選挙だ。政治家というのは本当にすごい職で、もし選挙に当選して議員になれれば、多額の給料をもらうことができるようになる。都道府県議会議員ならば、年収1千万円ほどだろうし、国会議員ともなれば、年収2千万円以上にもなるだろう。先生と呼ばれるようになるし、多くの権限も手にすることになる。人々がうらやましがる職だ。でも、もし選挙に落ちてしまったらどうなるだろうか。リアルに想像してみたことがあるだろうか。選挙に落ちた政治家は、単なる無職になってしまう。年収は基本的にゼロになり、社会的地位もまったくなくなる。なんと惨めなことか。選挙に当選するか落選するかで、これほどの差が出てしまう。それほどまでに政治家という職は厳しい。

知り合いのある政治家は、選挙前半の1週間で、とった睡眠はたったの5時間だと言っていた。1日5時間じゃない。1週間で5時間だ。もう朝から晩まで、街頭に出て握手を繰り返しているらしい。それほど、政治家にとって選挙とは、命がけの仕事なのだ。

そう考えると、政治家が何を望んでいるかがわかるだろう。選挙の票だ。何よりも大切なことは、選挙に勝つこと。そのためには1票でも多くの票をかき集めることが重要で、そのとき農業関係者からの票というのは、実はとても大きい。でも、もしそこで建前通りに「農地集積を本気で進めましょう」などと公約してしまったら、どうなってしまうだろうか。農地を集積するということは、やる気のある農家だけに残ってもらい、偽農家には廃業してもらうことを意味している。つまり農家の数が減るということだ。ということは、当然選挙の票も減ってしまう。それは、政治家にとっては一番避けたいことだ。

このように政治家の立場からすると、農家というのは、数がたくさんいてくれた方がありがたいとわかるだろう。それが偽農家であっても、農地が細切れでも、そんなことはどうでもいい。投票してくれる農業関係者が多ければ多いほど嬉しい。そういった理由もあって、偽農家はなかなか減らない。

最後に農家、というか農業関係者について考えてみよう。プロ農家の中には、本気で農地の集積を目指している方はもちろんいる。しかし、そういう本気の人は、数で言えばほんの一握りにすぎない。圧倒的多数は、自給的農家や土地持ち非農家などの偽農家だ。彼らが土地を手放してくれれば、農地集積は急速に進むのだが、なかなかそうはしてくれない。なぜ偽農家は土地を売ろうとはしてくれないのだろうか、その理由がわかるだろうか。

答えは、転売のチャンスを待っているからだ。どういうことかというと、農地を手放さずに持っていると、いつかそれが数億円に化けるかもしれない、という期待があるのだ。

たとえばあなたが1haの農地を持っていたとする。そこをどう使えば、一番お金が儲かるかアイデアを巡らしてみてほしい。もしそこでがんばってコメを作ってみたとしよう。コメは1年に1回しか収穫できない。秋に収穫できた玄米を売ってみたとしたら、1haなので、売り上げは130万円程度だろう。そこからコストを引かねばならない。肥料代、農薬代、トラクターの燃料代、アルバイトの人件費など。そうすると、利益は10万円もあればいいほうだろう。1年間汗水垂らして働いて、10万円。はたして割のいい仕事だろうか。あなたなら、そんなことをしたいと思うだろうか。

あるいはそこで野菜や果物を作ったらどうだろうか。そうなると、利益はもっと上がるだろう。でも、野菜や果物はとても人手がかかる。なかなか兼業の片手間では難しい。もしあなたがサラリーマンとかで他に仕事を持っているのなら、わざわざそんな苦労をしたいとは思わないだろう。畜産はもっとたいへんだ。牛でも飼ってしまえば、1年中休みがなくなるし、何よりも初期投資が数億円にものぼる。

一番お金が儲かるのは、おそらく不動産経営だ。もしそこにマンションやアパートを建てて貸すことができたなら、大きな利益を生んでくれるかもしれない。でもそこは農地なので、そのような使い方は許されない。そう考えると、「もう面倒だからほったらかしておこう」という気持ちになるのも理解できるだろう。そうして、耕作放棄地が増えていく。

ここで問題となるのは、そのような耕作放棄地を、持ち主が手放さないことだ。もしその農地を売りに出してくれるのであれば、やる気のある農家がそれを買い上げ、自分の農地を海外並みに広げることができるようになる。でも、持ち主は手放そうとしない。その理由を尋ねると、「先祖代々伝わってきた土地だから」という答えが返ってくるだろう。それは確かにその通りかもしれない。でも、それ以上に大きな理由が実はある。それが、転売のチャンスだ。つまり、ほったらかしでもいいから農地を所有し続けていれば、そのうちいいことがあるかもしれないという期待があるのだ。

たとえば、その農地の上をリニアモーターカーが走ることに決まったとしたら、どうなるだろうか。当然農地は国なりJRなりに買い上げてもらうことになる。そうなると、ただ同然だった農地が、いきなり数億円で買ってもらえることになる。新幹線が来るとなってもいい。あるいは大型ショッピングモールができるとなってもいい。そういう話がくれば、いきなり大金を手にするチャンスが迷い込む。それが転売のチャンスと呼ばれるものだ。

もちろん、ただ待っていてもそんなチャンスはやってこない。積極的に働きかけねばならない。そのために動いてくれるのが、政治家たちだ。選挙のときには、農業関係者が一丸となって票を入れる。代わりに、当選した暁には、地元に高速道路やら新幹線を持ってきてくださいよ、という仕組みだ。このような政治家と農業関係者の持ちつ持たれつの関係は、長いことうまく機能してきた。とくに高度経済成長期からバブル期にかけては、まさにそういう時代だったと言ってもいいだろう。ただ現代は、もはや高速道路や新幹線はほぼ完成してしまい、大型ショッピングモールも続々と潰れていっている時代なので、これまでの図式は通用しなくなってきている。ただそれでも、偽農家たちが転売のチャンスを期待しているという構図は、今も変わらない。

このように農林水産省、政治家、農業関係者、三者が三者とも、実は農地を集積したいとは本気で思っていなかったことが理解できるだろう。みんなの利害が完全に一致していたのだ。日本の農地は細切れのままでいい。偽農家が全体の6割を占めていてもいい。高齢化が進んでいたっていい。耕作放棄地が増えたっていい。なぜなら、問題が多ければ多いほど、実はその三者は嬉しいのだ。だが、国民はたまったものではない。この三者を守るために多額のお金を払わされているのは、他でもない国民だからだ。

10　日本の農産物は世界一高い

農業に関わる三者、農林水産省、政治家、農家がどのように持ちつ持たれつの関係を築いてきたか、よく見えてきたことだろう。これまでは、三者が全員得をする仕組みになっていた。実に賢い手法と言ってもいい。でも、その陰で、その尻拭いをするかのように損をしてきたのは、国民たちだ。日本の国民たちは、この三者を守るために、必要以上の負担を強いられてきた。その仕組みについて、具体的に見てみよう。

まずは農業補助金だ。先ほど見たように、日本の農業補助金の額は、世界一と言ってもいい状況にある。それはアメリカをもしのぎ、農家の収入の半分は、この補助金という計算になっている。つまり年収1千万円の農家がいたとしたら、そのうち490万円は補助金として国からもらっているということになる。では、その多額の補助金はどこから出ているのか、もちろんそれは農林水産省からで、その予算は財務省から来ている。そして財務省のお金はどこからと考えると、国民が払った税金からということになる。

国民が負担しているのは、農業補助金だけではない。毎日スーパーでコメや野菜を買うとき、実はたくさんの負担を強いられている。というのも、日本人の多くは実感がないと思うが、日本の農作物は高いからだ。たとえばＦＡＯの統計によると、コメの値段が世界で一番高いのは、日本となっている。しかも他国と比べて、圧倒的に高い。生産者価格で1トンあたり2015ドルであり、それはアメリカの7・3倍にもなっている。言い換えると、アメリカの人は、日本の7分の1の値段で、コメを食べているということだ。

表1－9にまとめてみたが、日本の農作物は、ありとあらゆる種類が、世界で1番の高値になっている。大豆、ホウレンソウ、イチゴ、ミカン、リンゴ、サクランボ、茶、ソバ、栗、ナス、ニンニク、ショウガ、ブドウ、ピーナッツ、メロン、マンゴー、キウィ、ナシ、柿、スモモが世界一であり、その他の作物もたいてい2位か3位につけている。何もかもが世界トップクラスで高いのだ。安い食の代表であるソバですらも、日本は世界一の高値で、ロシアやポーランドの10倍高い。おしなべて、日本の農産物は異常に高く、世界はだいたい日本の8分の1ほどの値段になっている。

つまり、もし日本が関税をすべて取り払い、海外からの安い農産物をそのまま受け入れたとしたら、スーパーに並ぶ野菜やコメはたちまち8分の1ほどに下がることを意味している。逆に言うと、日本の国民は、他国より8倍も高いお金を払って食料を買っていることを意味している。

表1-9　世界における日本農作物の価格ランキング

作物名	価格世界ランキング（ランキングが上位ほど高価）	作物名	価格世界ランキング（ランキングが上位ほど高価）
リンゴ	1	メロン	1
コメ	1	モモ	2
大豆	1	ナシ	1
ホウレンソウ	1	豆類	1
イチゴ	1	柿	1
アスパラガス	2	スモモ	1
大麦	1	キュウリ	2
豆類	1	砂糖大根	1
ソバ	1	サツマイモ	2
サクランボ	1	ミカン	1
栗	1	里芋	2
ナス	1	トマト	6
ニンニク	1	スイカ	2
ショウガ	1	ピーマン	5
ブドウ	1	トウモロコシ	4
ピーナッツ	1	パイナップル	5
キウィ	1	ジャガイモ	3
マンゴー	1	カボチャ	4
茶	1		

（FAOデータより著者作成）

なぜ日本の農産物はこんなにも高いのだろうか。多くの人は、こう考えるかもしれない。「日本の農産物はおいしいから高いのだ」と。だが、それは間違いだ。アメリカやヨーロッパの野菜やコメを食べてみてほしい。それらだって十分においしい。かつてまずいと言われたタイのコメも、今はとてもおいしくなっている。とくに餅米は、「もはや日本以上の味ではないか?」と思うほどになっている。しかも、それらはすべて日本よりもずっと農薬が少なく、ずっと安いときている。スーパーに並べられたとき、消費者はどちらを選ぶだろうか。「おいしいから」という理由で、8倍も高い国産を選ぶだろうか。

もしかすると、日本人が高い国産の農作物を買っている訳は、「おいしい」というだけでなく、「安全」という理由もあるのかもしれない。本当に安全かどうかは疑わしいが、少なくとも、日本国民の多くはそう信じている。だが、ヨーロッパ産やアメリカ産の方が国産よりも農薬が少ない、と知れば、どうなるだろうか。消費者は真実に気づき、疑問を感じ始めるに違いない。

本当になぜ日本の農作物だけは、こんなにも高いんだろうか?

その問いに対し、多くの農業関係者はこう答えることだろう。「日本は物価も人件費も高いのだから仕方がない。どうしても高くついてしまうのだ」と。

だが、それもまた間違いだ。確かに30年前なら、それも正しかったかもしれないが、今の日本はそんなに金持ちではない。海外旅行に行くとすぐに実感すると思うが、ロンドン、パリ、ニューヨークはもちろんのこと、シンガポールやシドニー、イスラエル、韓国の方が、今や日本よりも物価が高い（the Economist 2019）。タイのバンコクも、ホテルの値段ではほぼ日本と変わらないレベルになってきている。人件費についても、日本よりもヨーロッパ諸国、オーストラリア、イスラエル、シンガポールといった国々の方がずっと高い。日本の経済が停滞しているこの30年の間に、世界はどんどん成長してしまったのだ。日本はもうかつてほどお金持ちではない。なのに、農産物だけは世界で一番高い。なぜだろうか。

その理由は主に二つある。一つは、前述したように、日本の生産効率が悪いからだ。イスラエルとの比較で見たように、日本は作物の総生産量では世界トップレベルであるにもかかわらず、1haあたりの収量となると、それほど振るわない。トウモロコシの1haあたり収量は、イスラエルは日本の10倍もある。ナスは、オランダが日本の15倍、トマトはオランダが日本の8倍。これだけの差があったら、当然価格にも大きな差となって現れてくる。

もう一つの理由は、農業補助金のせいだ。農業補助金というのは様々な種類があるが、日本の場合は、価格を高止まりさせるために使われている割合が一番大きい。つまり、政府が農産物のマーケットに積極的に介入しているのだ。そのために、人為的に値段が高くなっている。それは言い換えると、国民は二重に負担していることを意味している。一つは、農業に対する膨大な補助金を、国民が税金という形で負担している。二つ目は、その補助金のせいで日本の農産物は世界一番高くなってしまっている。その負担もまた、国民が支払っているのだ。

なのに、そのことについて文句を言う人はほとんどいない。「農業補助金払いすぎだ」とか「関税が高すぎる」「野菜が高すぎる。それは政府のせいだ」などと批判するメディアはまず見ない。農業支援について、おかしいと思っている国民はほとんどいない。その理由は、これまで一緒に見てきたように、そのような文句が決して出てこないような雰囲気作りを、国全体が用意周到に行ってきたからだ。洗脳と言っては怒られるかもしれないが、それに近いことをしてきた。

複雑な話がようやく一つにまとまってきたことに気づくだろう。日本のこれまでの戦略とは、まず海外に対しては、カロリーベース自給率を盾にして、「日本の農業は弱いんです。だから高い関税も、巨額の補助金も許してください」と訴える。国民に対しても、「日本の自給率はこんなに低くてピンチです。税金を投入して守らないと危ないんです」と訴える。まさに弱気で後ろ向きな戦略だ。

しかし、ＴＰＰとヨーロッパＥＰＡが始まった今、これまでの戦略は通用しなくなった。そのことに農林水産省も政治家も気づいている。そのため、10年ほど前から徐々に日本全体の方向性を変えようと模索しているのがわかる。農業の株式会社化を進めようとしたり、輸出を増大させようとしたり、農協改革に本気に取り組み始めたりしてきた。でも、農業関係者や国民の意識は昔のままで、新しい時代と向き合うことがまだできていない。

では、これから日本はどういう戦略で行くべきだろうか。

その提案を次の第2章で述べることにする。基本路線としては、正々堂々と戦っていきましょう、というものだ。もう、「日本の農業は弱いんです。勘弁してください」などという弱気な戦略はやめにしましょうと言いたい。「できない言い訳」を探すのは、もういい加減やめにしようではないか。正々堂々と戦おう。日本の農業には、素晴らしいところがたくさんある。日本は、農業テクノロジーに関しては、すでに世界の後進国になってしまっているが、作物の味に関しては、やはり世界一だと感じる。まだ間に合う。今から日本が本気になるならば、必ず日本は勝てる。次章から、そのための戦略を一緒に考えてみたい。

第2章

すべてを解決する新しい農業の形

1　日本農業の本当の問題

いよいよ核心に入っていこう。日本農業の本当の問題は何か。日本がこれからの国際競争で生き残っていくためには、いったいどの問題と向き合うべきなのか、それを一緒に考えよう。

実はその「本当の問題」とは、コインのようなもので、表と裏の顔がある。同じ問題について二つの側面がある。まずは表面から見ていくことにしよう。

それは、前章で見たように、日本の農産物は世界一高いという問題だ。この高いことの弊害を理解している農業関係者はほとんどいない。多くの人は、「高く売れるのはいいこと。何の問題もない」と呑気に思ってしまっている。確かに鎖国を続けられるのならば、その考え方は間違っていない。しかし、開国となった途端に、「価格が高い」ということは、致命的な欠陥となって跳ね返ってくる。なぜなら、海外から安い農産物が次々と押し寄せてくる中で、日本の農産物だけ世界の8〜10倍も高い状態では、太刀打ちしようがないからだ。

それでも、多くの農業関係者はこう考えている。「いや、日本の農産物は高級品でいいんだ。しっかりとブランド化すれば、きっと高くても売れる」と。本当にそうだろうか。

それを検証するいい事例が、マレーシアを舞台とした「クールジャパン戦略」にある。クールジャパン戦略とは、日本の文化やポップカルチャーなどを、外国人がクール（かっこいい）と評価しているとの声を受け、そんな日本の魅力を武器に、日本の経済成長につなげようというブランド戦略のことだ。その農業分野での目玉となったのが、マレーシアの首都クアラルンプールに2016年にオープンした日本の百貨店（Isetan the Japan store）だ。そこでは、日本の農産物が信じられないほどの高値で売られたという。日本産ブドウ1箱（2房入り）2万円をはじめとして、モモ1箱（5個入り）1万円、イチゴ1パック2千円、豆苗（とうみょう）1袋600円と続く。

宝石かと思うほどの高値だが、「日本の安全でおいしいブランドイメージなら、海外できっと売れるに違いない」と本気で信じたのだろうか。実際には、ブドウもモモもまったく売れなかった。百貨店のフロアーには人影がなく、ただ高価な商品だけが整然と並んでいて、異様な光景だったという。当然だろう。1房1万円のブドウをいったい誰が買うというのか。

これが、国際競争の単純な真実だ。高い物は誰も買ってくれない。いくらブランド化しようとも、適正な価格帯というものがある。

しかし一方で、ここ2、3年の間に、日本の輸出が伸び始めたこともまた事実だ。とくにリンゴ、お茶、ブドウ、モモなどが海外に輸出されるようになってきた（それでも、前章で見たように、全体で見れば、ブドウは全生産量の0・64％、モモは1・03％に過ぎない）。輸出が伸びてきた一番の理由は、政府が「農産物の輸出額を1兆円にしよう」と全力で旗振りをしてきたことが大きい。それは、輸出に向けたさらなる補助金が大量に入ってきたことを意味している。

政府の後押しもあり、輸出は一見すると順調に伸びているように見える。が、その中身を詳細に検討してみると、根本的な問題は何も解決されていないことに気づく。というのも、「日本のブドウやモモが世界で売れ始めた」とは言っても、その価格は、いまだ世界で一番高い状態のままだからだ。その高値のままで、海外に売り出している。

2018年ぐらいまでは、それでも高値のまま売れていたようだ。売り先は、香港、マカオ、シンガポール、台湾のセレブたちだ。言ってみれば、日本の輸出戦略は、フェラーリやランボルギーニの路線と言っていい。超高級野菜・果物を、超お金持ちの人たちに売る、という戦略。もちろん、そういうブランド化戦略があってもいい。ただそれは一部の農家たちだけに当てはまることで、日本全体がフェラーリ路線でやっていけるはずはない。

今は香港やマカオなどに、セレブたちの裕福なマーケットが存在している。しかし、そのようなマーケットはすぐに飽和になるだろう。今はシャインマスカットのような大ヒット商品が堅調かもしれないが、品種や栽培法は、すぐ海外にも真似をされてしまう。そして今政府から注ぎ込まれている多額の輸出補助金がなくなったとき、はたして今の輸出戦略で生き残っていける人たちがどれだけいるのだろうか。下手すると、植物工場の二の舞になるのではないかと私は危惧している。

ご存じの通り、2000年代に大ブームだった植物工場は、補助金がなくなった途端に、次々と倒産していった。理由は単純で、コストがかかりすぎるからだ。LEDなどをふんだんに使えば、光熱費だけでも膨大な金額になってしまう。あの池のような養液システムも、初期投資だけで数億円もかかる。それらのコストを農産物の売り上げだけで回収しようというのは、無理な話だ。多くの会社は、補助金がなくなった途端に事業が回らなくなってしまい、倒産していった（オランダやイスラエルのハイテク農業は、日本の植物工場とは似て非なる物で、きちんと収益が上がるように工夫されている）。

今の日本の輸出戦略も、同じように根本的な問題に目をつむったまま、無理やり補助金で後押ししている感が否めない。根本的な問題とは、「日本の農産物は高すぎる」という問題だ。それに手をつけようとしないまま、無理やりセレブたち相手にフェラーリビジネスを展開しようと推し進めている。補助金がなくなったとき、はたしてそのようなビジネスで生き残れるのだろうか。実際、輸出をしてきた関係者は、2019年になると、口をそろえて「もう、頭打ちになってしまっている」と証言している。

たとえば政府はコメの輸出にも力を入れている。「日本産のおコメをブランド化しよう」とがんばっている。でも、申し訳ないが、それがうまくいくとは思えない。なぜなら、日本のコメは世界一高く、アジア地域のおよそ8倍の値段になっている。8倍ものお金を払ってまで、日本産を買おうとする人がどれだけいるのだろうか。しかも、アメリカのカリフォルニア米は、日本のコメとほぼ同じ食感で、かつアジア並みに安い。それと比べたときに、あえて8倍もする日本産を選ぶ理由はいったいどこにあるのだろうか。

興味深いのは、海外の人の嗜好だ。私が勤めている大学は、国際学部のために留学生がたくさんいる。大学院ともなれば、8割は外国人になっている。国籍はまちまちだが、中国、台湾、インドネシア、マレーシア、ネパール、ベトナム、トルコなどが多い。彼らに「日本のコメと自分の国のコメ、どちらがおいしい?」と尋ねると、9割の留学生が「自分の国のコメ」と答えてくる。つまり、日本人が期待しているほど、アジアの人たちは日本米をおいしいと感じてくれていないようなのだ。しかも8倍もの値段がするとしたら、いったい誰が買ってくれるのだろうか。

さて、ここまでは海外の話をしてきた。海の向こうの輸出の話。しかし、一緒に見てきたように、これからは日本国内においても、同じ戦いをしなくてはならない時代となってきた。もう開国させられたので、海外からの安い農産物が日本になだれ込んできたのだ。そのとき、世界一高い日本の農産物は、いったいどうやって戦っていけばよいのだろうか。

しかも、値段が高いことの問題はそれだけではない。日本人は気づいていないのだが、農産物が高いせいで、他にも多くの弊害が生じている。たとえば今流行の6次産業もその一つだ。

6次産業とは、ご存じのように、第1次産業(農畜産物、水産物の生産)、第2次産業(食品加工)、第3次産業(流通、販売)の三つを掛け合わせて、生産から加工、販売までのすべてを手がけることで、農業を活性化しようという手法のことだ。1×2×3=6となるから、6次産業だという。

より平たい言葉で言えば、たとえばニンジンを作って、それをそのまま売るだけだと、たいした儲けにはならない。しかし、それをニンジンジュースに加工して売ることができれば、売り上げが10倍にも20倍にもなる。お米の場合なら、お酒にしたり、パンにしたり、アイスクリームしたりすることもできる。そうしてただ農産物を売るだけでなく、加工まで手がけて、高値で売りましょう、というのが6次産業だ。

今、日本中で6次産業ブームが起きている。その理由は、地方創生などとも抱き合わせる形で、政府が多額の補助金を出しているからだ。その試み自体は決して悪いことではない。しかし、もっとも大切なことは、そもそもなぜ今まで6次産業が発達してこなかったのか、という問いにある。

みなさんは、そのことについて今まで考えたことがあるだろうか。日本はこれだけ工業が発達しているというのに、地元農産物を加工した商品がほとんど発達していない。今6次産業ともてはやされているが、「加工までする」という考え方は決して新しいものではないはずだ。なのに、なぜ6次産業化ブームが起きるまで、加工業が発達してこなかったのか。

その理由は、やはり日本の農産物が高すぎるからだ。つまり、加工するための原材料が高すぎるのだ。いくら地元の野菜や果物でジャムやジュースを作りたくても、それら国産は高すぎて、海外から入ってくる安くて良質な原材料にかなわない。国産のワインは、はたしてヨーロッパ産の何倍の値段になっているだろうか。ジュースにしても、アイスクリームにしても、すべて同じだ。原料を国産でまかなおうとすると、とたんに値段が跳ね上がってしまう。

そういった理由もあって、日本では食品加工業があまり発達してこなかった。今は政府の補助金のおかげで、あちこちで6次産業ブームが起こり、それぞれの地域の名産品が開発されている。それはワインであったり、日本酒であったり、ジャムであったり、ドライフルーツであったりしているが、はたしてそれらのいくつが将来生き残っていけるだろうか。というのも、「日本の農産物は世界一高い」という問題を解決することなく、ただジュースやジャムに加工してみても、やはりできあがったものも高くなってしまうからだ。

同じことは、地産地消についても言える。

2　地産地消をしたいのなら、輸出をしなくてはならない

「地産地消」という言葉がいつ、誰の手によって生まれたのかは知らないが、だいたい1980年代から広く使われるようになっている。考え方としてはとてもすばらしいアイデアで、地元で生産した農作物を、地元で消費しようという試みだ。

この本で提案しているように、「これからの農業は輸出をしていかねばならない」という話をすると、しばしば農業関係者から厳しいお叱りを受ける。そのとき、必ずと言っていいほど言われる言葉がある。それが「地産地消」だ。

「いいか、よく聞け。日本の農業が今すべきことは、地産地消だ。輸出とかは、その後の話だ。地産地消ができていないうちに、何が輸出だ」というご意見を頻繁にいただく。

確かに、地産地消が実現できるのであれば、それはすばらしいと私も同意する。無駄な輸送をする必要もなくなるから、CO_2排出も減らすことができる。環境にも優しい。だが、現実はそう簡単ではないことを、誰もが気づいているはずだ。日本で地産地消らしきことをしているのは、主に学校給食や子ども食堂だけで、他はお弁当屋さんにしても、レ

ストランにしても、なかなか地産地消というわけにはいかない、というのが現状だろう。

その理由をしっかり考えたことがあるだろうか？

地産地消がなぜ日本では進まないのか。その答えは簡単だ。やはり、日本の農産物が高すぎるせいなのだ。これまで述べてきたように、日本の農産物は世界一高い。言ってみれば、フェラーリやランボルギーニと同じだと。それで地産地消を実現しようということは、つまり国民全員に「フェラーリあるいはランボルギーニを買うようにしましょう」と呼びかけることに等しい。

日本人は、おそらく誰もが地産地消をしたいと思っている。レストランだってお弁当屋さんだって、コンビニだってきっとそうに違いない。本当は地産地消をしたい。でも、それを実現するには、日本の野菜や果物は高すぎるのだ。コストが高くつきすぎる。外国産の食材を使った方が何倍も安くできてしまう。となると、商売でしているプロの人たちは、安い外国産を選ばざるを得ないだろう。

どうだろうか。このように、「日本の農産物は世界一高い」という弊害が、いかに多くの問題を引き起こしているか、わかってきたことだろう。輸出で不利、国内でも不利。さらには6次産業を妨げ、地産地消をも妨げている。その根本原因が、「農産物が高い」という問題なのだ。

では、考え方を逆にしてみると、どうなるだろうか。もし地産地消を実現したかったら、いったいどうすればいいだろうか？

その答えを探すときに参考になるのが、自動車業界だ。一つの事実として、日本人のほとんどは国産車に乗っている。町を走っている車を眺めていても、トヨタ、日産、ホンダ、スバル、マツダ、スズキといった国産車が9割を占めているだろう。それは実はすごいことだ。世界中探しても、こんなに国産車ばかり乗っている国なんて他に一つもないのではないだろうか。

なぜ日本人は、国産車に乗るのだろうか？「地産地消のために、国内メーカーを選ぼう」などと考えている人は、ほとんどいないだろう。みんなが国産車を選ぶ理由は、単純に日本車が一番性能がよく、一番壊れにくく、そして安いからだ。となると、問いが変わってくる。なぜ日本の自動車メーカーは、そんなにすごい車を作ることができているのだろうか？

その答えは、世界で戦っているから、だ。日本の自動車メーカーは、地球を舞台にして熾烈な戦いを生き抜いている。世界を相手に戦いを続けているからこそ、他よりも安くて、性能がよいものを作れている。

農業もまったく同じはずだ。本当に地産地消を実現したかったら、日本車と同じように、安くて最高品質の農産物をつくればいい。そうすれば、自然とレストランもお弁当屋も消費者も、みんな地元産を買うようになる。そしてそんな安くて最高品質の農産物を作るためには、海外で戦う必要があるのだ。

そう、おそらく考え方を根本からひっくり返さなくてはならないのだろう。もし地産地消を実現したかったら、まず輸出をしなくてはならないのだ。自動車メーカーと同じように、海外に打ってでることで、初めて国際競争を勝ち抜くだけの力を身につけることができる。国際競争で切磋琢磨すれば、結果として、安くて最高品質の農産物を作れるようになる。そうなると、自然と地産地消は実現できるだろう。6次産業も自然と発展していくことだろう。そう、日本農業が目指すべき道は、おそらくフェラーリやランボルギーニの路線ではなく、トヨタや日産、ホンダの路線ではないかと思うのだ。サッカーと同じだ。まずは、ヨーロッパや南米に行き、世界のレベルを知らないことには、国内の発展もあり得ないのだ。

そして今見据えるべきゴールは、ブランド化戦略や高級化路線の前に、まず日本の農産物の価格を下げることだ。もうみなさんおわかりと思うのが、「日本農業が抱える本当の問題とは何か？」いう問いに対する答えは、「農産物の値段が世界一高いこと」なのだ。そしてそれは、この章の冒頭で述べたコインの表面に過ぎない。

今後、「じゃあ、日本はどうしたらいいのか？」の答えを探すためには、コインの裏面を知る必要がある。つまり「なぜ日本の農産物は世界一高くなってしまったのか？」、その原因を知ることだ。その裏面をしっかりと理解できたとき、今後日本はどのような戦略をとっていけばよいか、ということが自ずと見えてくるだろう。

3　1970年代でストップした生産性

日本農業が抱える根本的な問題とは何か？

その答えは、農産物の価格が高すぎることだ、と述べた。心ときめくような答えではないのだが、おそらくこれが真実だろう。言い換えるならば、国際競争力を失ってしまったこと。それが、日本が抱える農業問題すべての根幹にある。

では、なぜなぜ日本の農産物は世界一高いのだろうか？　その原因を、一緒に考えてみたい。

まず確認しておかねばならないのは、前章で解説したいくつかの誤解だ。「日本の農産物は高い」と指摘すると、農業関係者から必ず聞かされる言葉は、「日本は物価が高いから、人件費が高いから。だから、「仕方ない」というものだ。だが、前章で解説したように、それは間違っている。もはや日本はそんなお金持ちの国ではない。

農産物以外の物価は、諸外国の方がずっと高い。ロンドンやパリはもちろんのこと、今やシンガポールや上海の方が、日本よりも物価が高い。イスラエルも、日本より何もかもが高い。たとえばホテルの値段をみてみると、1泊2万円払っても、日本のビジネスホテル程度の部屋にしか泊まれない。レストランもレンタカーも日本よりずっと高い。もしテルアビブで家を借りようとしたら、それは六本木ヒルズに住むよりも高くなってしまう。それだけ何もかもが高い。もちろん人件費も、日本よりずっと高い。なのに、イスラエルの農産物は日本より安い。ヨーロッパをはじめ、世界中にたくさん輸出している。この差をどう説明できるだろうか。

さらに言えば、イスラエルは国土の60%が砂漠になっていて、そこでは通常の農業は不可能になっている。降水量が比較的多いテルアビブでも、年間560㎜の降水量しかなく、東京の3分の1しかない。そのため常に水不足に苦しんでいる。土壌も劣悪で、日本のような黒くて栄養豊富な土は、まず目にすることがない。たいてい粘土か砂ばかりの白っぽい土で、有機物も栄養もほとんど含まれていない。太陽光が強く、気温が高いので、たとえ堆肥や肥料をまいても、すぐに分解されて流出してしまう。およそ農業に向いた土地ではない。このように何もかもが日本よりも悪条件だというのに、イスラエルは世界一の輸出国になっている。「日本は物価が高いから」「日本は人件費が高いから」などというのは、所詮いいわけに過ぎないことがわかるだろう。

では、日本の作物はなぜ高いのだろうか。

その答えは、一つには前章で見たように、補助金によるマーケットへの介入が、少なからず影響している。だが、それよりももっと重要なことがある。それが、生産効率だ。

そう、日本の農業は、実は生産効率が悪いのだ。それこそがコインの裏側、「日本農業の本当の問題」のもう一つの面だ。日本の農産物が世界一高い原因は、物価のせいでも人件費のせいでもない。単純に生産効率が悪いのだ。だが、このことを指摘する農業関係者には、今まで一人として会ったことがない。

日本の農業は、生産効率が悪い。

そう言われて、ピンと来る人は少ないかもしれない。というのも、多くの農業関係者は「日本の農業は世界最高レベル」と信じてしまっているし、何よりも「生産効率」というものを考えている人が、日本ではあまりにも少ないからだ。

具体例を示そう。まず図2-1を見ていただきたい。これは、日本のコメの1haあたり収量の経年変化を表している。これを見ると、1961年の時点で日本のコメは1haあた

図 2-1　コメの 1 ha あたり収量の変化

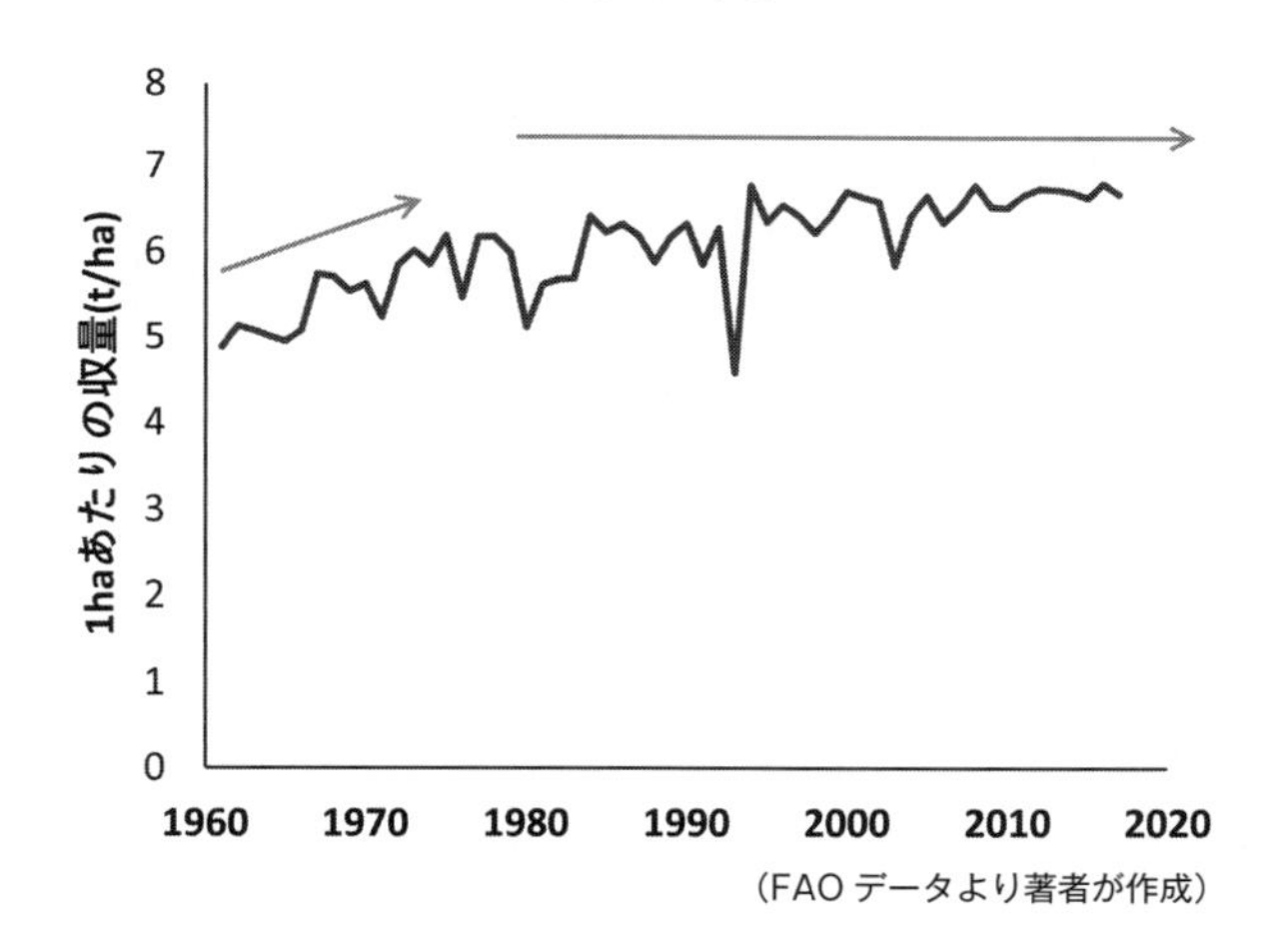

（FAO データより著者が作成）

り４・８８ｔしか収穫できていなかったことがわかる。それがその後どんどん伸びていき、１９７０年代になると６ｔにまでなっている。しかし、そこでピタリと頭打ちになり、以降２０１８年にいたるまで、１haあたり収量はまったく向上していないことがはっきりと示されている。

なぜ50年近くもまったく向上していないのだろうか。もちろんそれには理由がある。減反政策だ。１９７０年から始まった減反政策のおかげで、農家はコメを作る量を制限されてしまった。「あなたがつくっていいコメの量はこれだけですよ」と厳しく設定されてしまい、もしそれを超過すると、深刻なペナルティが科せられてしまう。それが減反政策だ。そんな中にあっては、当然ながら1haあたり収量を伸ばす必要性はまったくなくなってしまう。というよりも、むしろ害にすらなる。そんなわけで、日本のコメの収量は、1970年代を境にピタリと向上が止まってしまった。

そしてその「作りすぎてはいけない」というメンタリティが他の作物にも及んでしまったようで、野菜や果物についても、1haあたり収量を伸ばすという発想が消えてしまった。図2-2を見てもらえばわかるが、トマトにしても、キュウリにしても、ピーマンにしても、1970年代までの日本の勢いは確かにすごい。1ha収穫量がどんどんと向上している。しかし、1980年代でその勢いは頭打ちとなり、その後は今に至るまでほとんど向上していない。

一方イスラエルはどうかと見てみると、1960年代、70年代は、日本よりも下だったことがわかる。だが、イスラエルはその生産効率を年々向上させていて、ついには日本に追いつき、追い越してしまっている。トウモロコシにいたっては、もう日本の10倍にもなっている。そしてカボチャを見てみると、なんと日本の1haあたり収量は年々落ちている。今の収量は、1960年代よりも劣ってしまっているのだ。

この傾向は他のすべての作物でも同様で、図2-2、3にあるように、日本の1haあたり収量は1970年代からまったく向上していない。ピーナッツ、ゴマ、アスパラガス、

図 2-2　日本とイスラエルの 1 ha あたり収量の経年変化

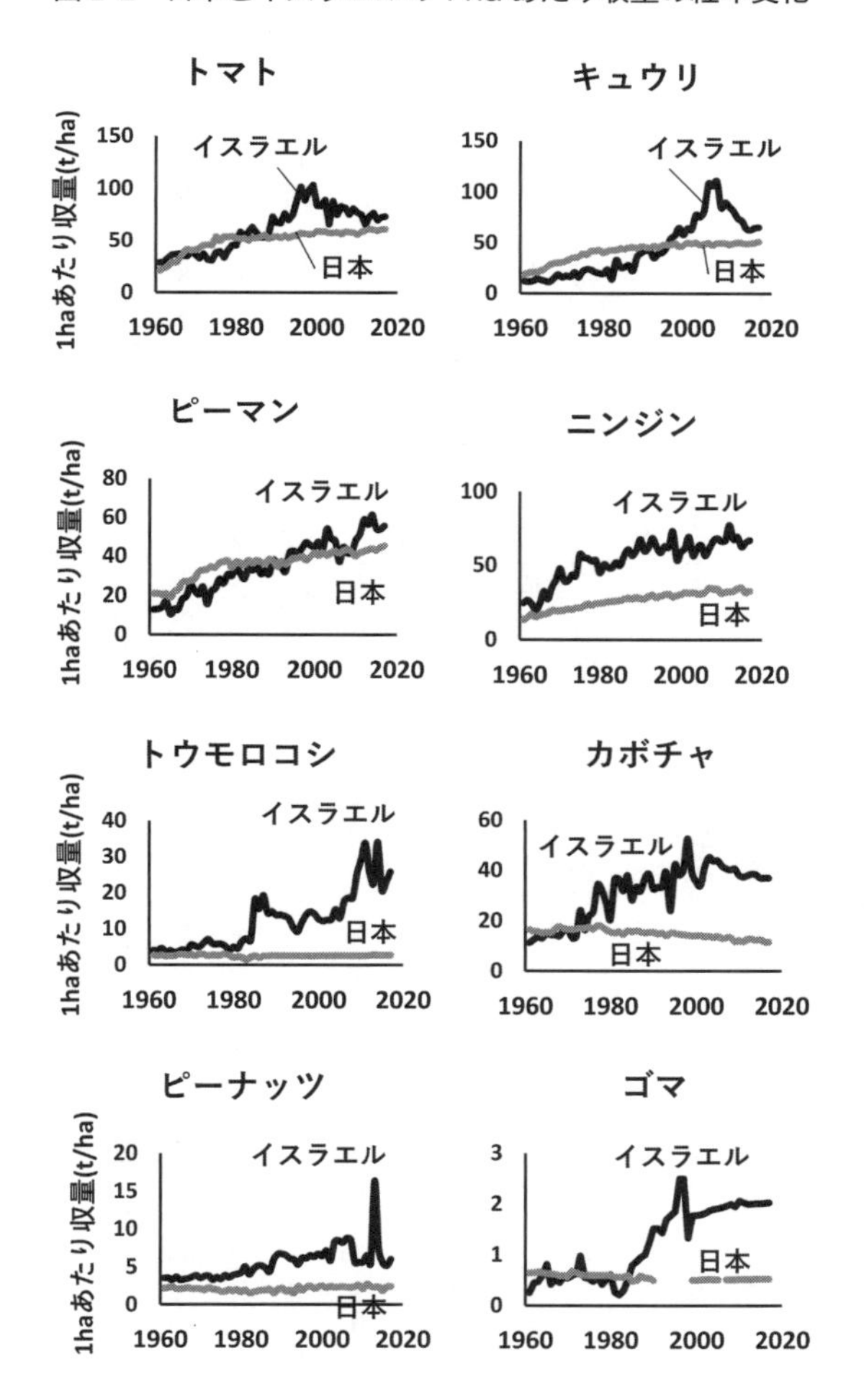

柿、リンゴ、マンゴー、キウィ、イチジク、日本のグラフの線は、どれも横一直線になってしまっている。

それに対しイスラエルは、アップダウンを繰り返しながらも、確実に収量を向上させている。図2-3、4は、イスラエルが得意としている作物を並べているので、その傾向はさらに顕著になっている。キウィ、イチジク、アーモンド、アヴォカド、ひよこ豆、イチゴ、ヒマワリ種、バナナなどで、急激に収量が向上していることがよくわかる。1960年代と今とでは、収量が10倍以上向上しているものもあり、イスラエル農業がこの50年間で急速に進歩してきたことがよくわかる。

ところが残念なことに、日本には、このような急激な伸びを見せている作物は一つもない。すべて1970年代からほとんど向上しておらず、クリ、ソバ、サトイモ、カボチャ、バナナにいたっては、今の方がむしろ1960年代より劣ってしまっている（図2-2、3、5）。向上するどころか、退化しているのだ。

こうしてグラフにしてみると、みなさんにも「日本農業はまずいぞ」と実感してもらえると思う。でも、それ以上にもっとたいへんな問題がある。それは、日本の農業界で、この「収量が50年間向上していない」という事実を知っている人がほとんどいないという現実だ。みんなまったく気づいていない。

図 2-3　日本とイスラエルの 1 ha あたり収量の経年変化

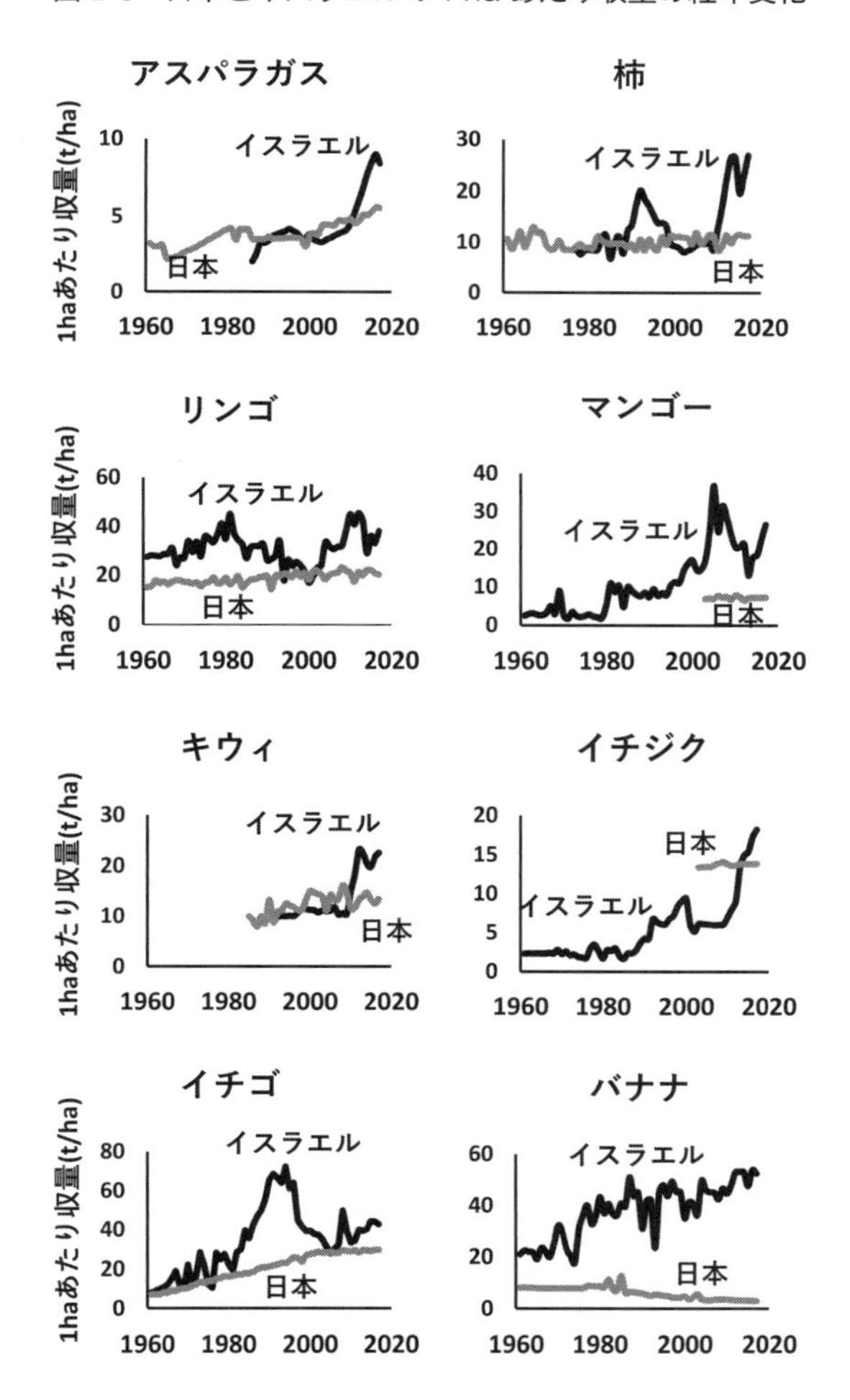

日本では、プロ農家も農業試験場の人たちも、みんな「いかに作物をおいしくするか」については、真摯な探求を続けている。まさに職人たちだ。その技は世界一と言ってもいいだろう。しかし、味の探求ばかりに夢中になっていて、「生産効率」というものを気にかける人が皆無に近い。

その証拠に、「1haあたり収量を上げるために、こんな努力をしているんだ」というようなセリフを、日本の農業関係者からは一度たりとも聞いたことがない。逆にイスラエルやヨーロッパに行けば、農家たちは二言目には、「どうやったら収量をあげられるか」という話をしてくる。

そのどちらがいい、という話ではないのだが、少なくとも日本の農業関係者の90%以上が、「1haあたりの収量」というものをまったく気にしてこなかった、ということは間違いない。それが、図2-1~図2-5に表れている。この50年間、栽培法がまったく進化していないのだ。それどころか、1960年代よりも退化してしまっているものも多い。そしてその事実にすら気づいていない。これが一番の問題なのに、問題とすら認識されていない。

この「収量を伸ばす意識がない」ということは、日本の栽培法を見ていると、随所で観察できる。家庭菜園をしている人ならわかると思うが、日本の農法では、「トマトには水

図 2-4　イスラエルの 1 ha あたり収量の経年変化

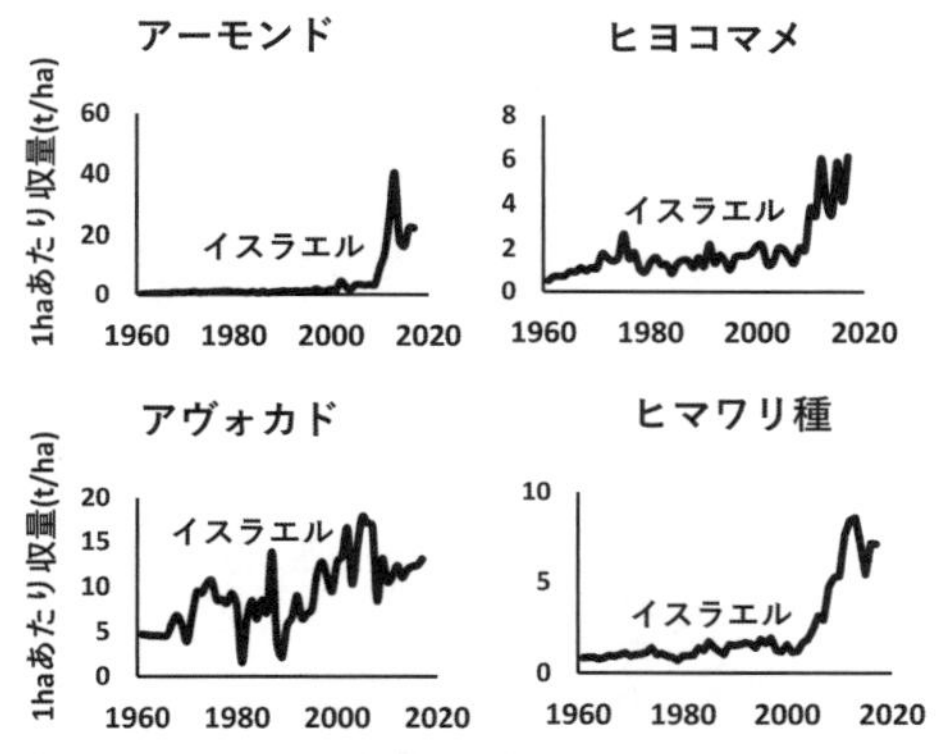

（イスラエルの激しい変動は、常に新しい農法にチャレンジしているためと思われる。一方日本は、同じ栽培法を継承しているので、変動がない）

図 2-5　日本の 1 ha あたり収量の経年変化

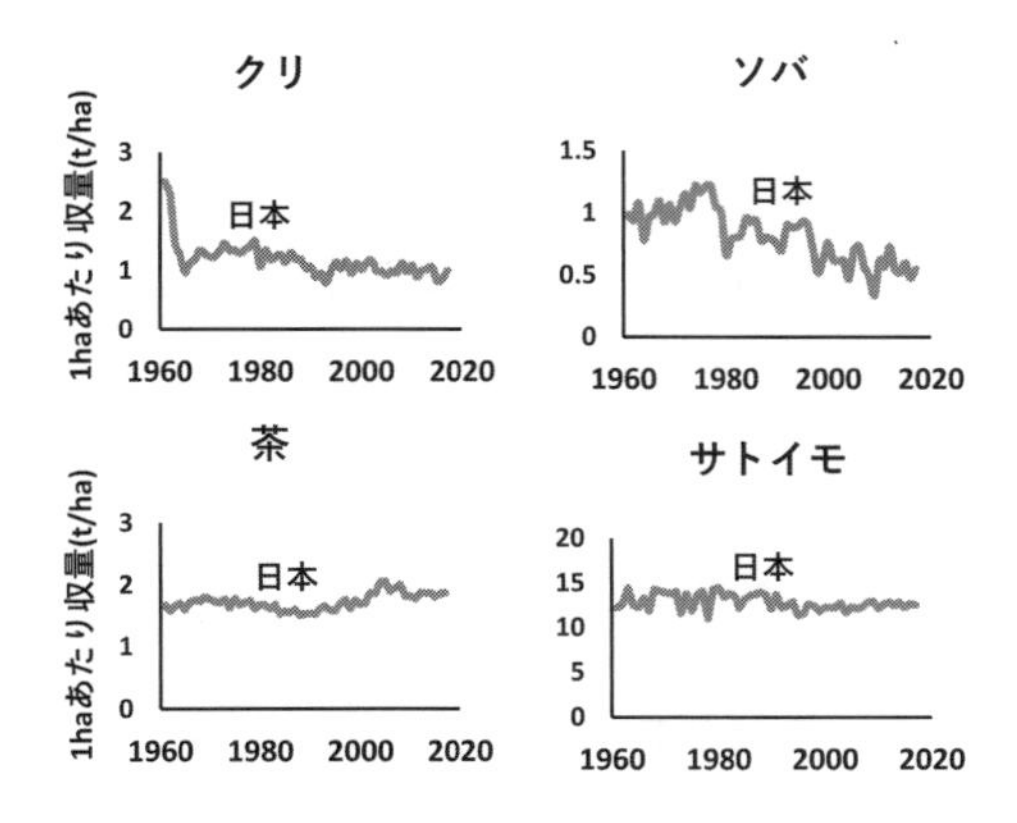

をあげるな」と教わるだろう。その理由は、トマトは元々砂漠で生まれた作物だから、水があまりない環境の方が適している。水をあげてしまうと、トマトの味が薄くなってしまいよくない。こういった説明だ。そのため日本では、露地のトマトですら、わざわざ「雨よけ」という屋根をつくって、その下で栽培する。それによって雨が当たらないようにして、濃くておいしいトマトを作る。それが日本式だ。

しかし、私は海外で多くの農業現場を見てきたが、このような栽培法をしている国は、他に一つも見たことがない。というのも、世界からすると、日本のやり方の意味がわからないからだ。海外では、トマトに水をどんどん与えている。ヨーロッパでもイスラエルでも、自動灌水により十分な水を与えている。糖度を管理するために水ストレスをかけることもあるが、そのときも管理された方法で水ストレスを与えている。その結果、トマトの1haあたり収量は、日本よりずっと多くなっている。当然だが、トマトも水をしっかりあげた方が、強く大きく育っていく。

トマト世界一はオランダで、1haあたり収量が、日本の8倍にもなっている。つまり、同じ面積で比べた場合、オランダは日本の8倍も収穫していることになる。1株のトマトは8m以上にも育つ。日本では、もし2mも伸びれば「大きく育ったな」と評価される。この差がわかるだろうか。

「そんな水をたっぷりあげたトマトは、味が薄くてまずいだろう」と思うかもしれないが、そうでもない。確かに厳密に比べると、水を切らして作った日本のトマトの方が、若干糖度が高いかもしれないが、オランダ産やイスラエル産のトマトも十分においしい。収穫量はオランダの方が8倍多いので、その分価格を安くできる。日本にこのヨーロッパ産のトマトがやってきたとき、はたして消費者はどちらを選ぶだろうか。高くて農薬の多い日本産トマトか、安くて農薬の少ないヨーロッパ産トマトか。

同じような日本式栽培法は、トウモロコシでも見られる。日本では、トウモロコシを1株から1本だけとる栽培法が主流だろう。もし2本以上の実がつきそうになったら、あえて1本だけを残し、残りは早いうちにヤングコーンとして取り除いてしまうことが多い。そうして1本の実だけに栄養を集中させることで、おいしいトウモロコシをつくろうという発想だ。いかにも日本的と言っていいだろう。

かつてイスラエルから農業専門家が日本を視察に来たとき、トウモロコシ畑でちょっとした論争になってしまった。彼には、2つ目、3つ目の実を取り除くという日本の栽培法が、どうしても理解できなかったのだ。「なぜせっかくついた実を、わざと取り除いてしまうのだ?」と質問してくる。いくら「これが日本式だ。おいしいトウモロコシをつくるために、1株1本だけにするんだ」と説明しても、納得してくれない。「そんなことしたら、収穫量が3分の1になってしまう。つまり収入も3分の1だ。そこに何の意味がある?」と反論してくる。ここに、日本と海外の違いが如実に表れている。

基本的に、日本の農家はみな職人なのだ。いかにおいしい作物を作れるか、を職人気質で探求している。一方ヨーロッパ、イスラエル、アメリカなどの農家は、みな職人というよりは経営者に近い。いかにして利益を上げるか、を第一目的としている。そのためには、育てる作物も臨機応変に変えてくる。もしマーケットでトマトのニーズが高いのならトマトをたくさん作ろうとするだろうし、もしメロンのニーズが高いのなら、メロンに切り替えようとするだろう。日本でそのように柔軟に作物を変える農家がどれだけいるだろうか。いや、そもそもマーケットを見て、作物を選定している人がどれだけいるだろうか。

「うちは親の親の代からコメを作ってきた。だから、自分もコメを作るんだ」

そういうやり方の人が多いのではないだろうか。ビジネスでは、まずマーケットのニーズを調べて、そのニーズに合わせて商品を選ぶことが基本だが、日本の農業では、その逆のパターンが多い。マーケットを調べることなしに、まず自分が作りたい作物をつくる。そしてその後で「さあ、どうやって売ろうか」と考えている。

トウモロコシの収量に話を戻すと、海外では、1株から2本、3本の実を収穫することが常識となっている。その違いが、日本の収量の低さとして統計にもよく表れている(図

2－2)。第4章で紹介しているが、私はトウモロコシの収量を上げることを目的として、日本の露地で、イスラエル式農法の実験を行っている。イスラエル式の栽培法を用いたところ、トウモロコシ1株から4本の実を収穫することに成功した。1株最高7本の実がついたのだが、商品として売れるものは、今のところ4本だった。将来的には、1株5本取り、6本取りを実現したいとがんばっている。

図2－1から図2－5をもう一度眺めてみると、グラフの線の中に、日本とイスラエルの考え方の違いが、はっきりと浮き出ていることに気づく。グラフの日本の波形を見てみると、どれも何というかフラットで安定していることがわかるだろう。昨年よりも収量が急激に伸びるということはまずないし、逆に昨年よりも急激に落ち込むということもない。なだらかで水平な波形が日本の特徴となっている。一方、イスラエルの波形は、ぐちゃぐちゃと乱高下を繰り返している。この違いの意味がわかるだろうか。

これはおそらく、両者の農業に対する基本姿勢の違いを表している。すなわちイスラエルは、常に利益を最大にしようと努力を重ねているので、まったく新しい栽培法をどんどん試していく。たとえ昨年の栽培法である程度うまくいったとしても、テクノロジーが進歩すれば、それに合わせて栽培法もバージョンアップしようとする。当然、前例のない栽培法なので、うまくいくときもあれば、大失敗してしまうときもあるのだろう。それが、グラフの激しい波形となって現れている。つまりイスラエル農業は、常により新しい方法、より最善の方法を模索して、冒険を繰り返している。そうしなければ、厳しい国際競争を勝ち抜いていくことができないことを知っているのだろう。「昨日と同じ」ではだめなのだ。昨日と同じ、は現状維持ではなくて、後退を意味している。なぜなら、隣のライバルは、新しい農法で収量を倍増してくるかもしれないからだ。

それに対し、日本はどうだろうか。新しい栽培法を積極的に取り入れている農家がはたしてどれだけいるだろうか。「うちは親父の代からずっとこの栽培法だ。変えちゃいけねえ。昔ながらの伝統を守り続けることが大切だ」。そう考えている方が多いのではないだろうか。そういう方法をとっていると、確かに失敗はない。だけど、逆に躍進することも絶対にない。それがグラフの、日本独特のなだらかな波形となって現れている。

つまり鎖国をしてきた日本では、昨日と同じどころか、50年前と同じ栽培法をずっと続けてきた。それでも、問題なくやってこれた。その理由は、敵がいなかったからだ。しかし、開国してしまった今、はたして50年前の非効率な農法で、本当に世界と渡り合っていけるのだろうか。まず無理だろう。50年間眠り続けてしまった日本のつけが、今「国際競争力のなさ」という形で露呈してしまっている。まずこの事実を知ることこそが、今後とるべき道を考えるための第一歩となる。

4　日本が目指すべき新しい農業とは

さてここまで一緒に日本の農業を読み解いてくると、ようやく我々はいったい何をするべきかが見えてきたことだろう。

日本農業が抱えている本当の問題とは何か？

その答えが、今はみなさんにもよく見えていることだろう。それは低い自給率でも、農家の減少でも、農家の高齢化でも、農地の減少でもなんでもない。本当の問題とは、鎖国をして50年以上にわたり眠り続けている間に、すっかり国際競争力を失ってしまったことだ。言い換えるなら、生産効率が1970年代からまったく進歩していないこと。そしてそれは、「世界一高い農産物」という形で顕在化している。農産物が高いせいで、世界を相手に戦う力がない。輸出でも勝てないし、国内でも勝てない。6次産業の発展も妨げているし、地産地消ができない原因もそこにある。すべての問題の根源は、実は「生産効率」なのだ。

このように問題をきちんと整理できると、解決策も自ずと見えてくる。

それは単純な話だ。きちんと根本原因と向き合い、それを解決すること。すなわち、農業の生産効率を上げること。それによって農産物の価格を世界レベルにまで下げること。それは言い換えると、農業をきちんとしたビジネスにすることを意味している。

農業をビジネスにする。それだけで、およそすべての問題はひとりでに解決に向かう。どういうことかというと、こういう流れだ。

まずビジネスにするということは、利益を上げるために最大限の努力をすることを意味している。そして利益がしっかり上がるようになれば、農業はきちんとした仕事に変貌する。つまり農業だけで、きちんとお金を稼げるようになる。お金が稼げるとわかれば、若者がどんどん入ってくるようになる。すると、まず後継者問題は解決する。若者がどんどん入ってくるようになれば、当然高齢者は引退していくことになり、自然と農家の高齢化の問題も消える。そのとき、偽農家（土地持ち非農家、自給的農家）の方々にも土地を手放してもらい、退場してもらうことが重要になってくる。それを達成するためには、使われていない農地（耕作放棄地）に対する税金を大幅に上げるなど、国の介入が必要になってくるだろう。それによって農家の数は減るが、それはむしろ歓迎すべきことで、他の先進国同様やる気のある農家に農地を集中させることができるようになる。そうして日本もヨーロッパ並みの経営面積で耕作ができるようになれば、国際競争を戦えるだけの下地が整ってくる。その流れの中で、自然と耕作放棄地の問題も消えていく。農地の減少にも歯止めがかかるだろう。そして耕作放棄地がしっかりと有効活用されるようになれば、食料自給率も自然と向上していく。このように、農業がしっかりとしたビジネスになるならば、およそメディアで騒がれている農業問題は、ほぼすべてひとりでに解決していく。

一気に述べてしまったが、ちょっと話について来れない方々もいるかもしれないので、若干の解説を加えよう。たとえば耕作放棄地についてだ。耕作放棄地は今や42万3064haの広さに拡大しており、かつては埼玉県と同じ面積と騒がれていたが、今はほぼ富山県と同じ面積にまでなっている。この耕作放棄地についても、世間では多くの誤解がまかり通っている。

たとえば、「一度耕作放棄地になってしまうと、二度と耕地に戻すことはできない」とか「ほったらかしになった耕地は、数年たてば木が生えて森になってしまう。そうなると、もはや回復不可能」というような報道をしばしば目にすることがある。

それはまったくの誤解と言っていい。確かに日本の場合、耕作放棄を何年もそのまま放っておくと、しまいには森にかえっていく。だが、それは決して悪いことではない。森というのは、畑をだめにするものではなく、むしろ畑を癒やしてくれる。

その証拠が見たければ、焼畑を思い出してみるといい。焼畑とは、かつて日本各地で実践されていた農法で、アフリカなどでは今でも広く実践されている。その名の通り、森を焼くことで畑を作る農法だ。そうしてできた畑は栄養豊富で、肥料なしでも作物を十分に育てることができる。ただ4、5年もすると、地力が落ちてきてしまうため、作物の成長が悪くなり、雑草がはびこるようになってしまう。そうなると、人々はその場所を捨て、別の場所に移動していく。そして新しい場所の森を焼き、そこに新たな畑をつくり、また4、5年すると別の場所へと移動していく。こうして転々と場所を移っていくことから、焼畑はしばしば移動耕作とも呼ばれる。

ポイントは、焼畑はただ闇雲に森を焼いていくのではなく、20年から30年のサイクルで、元の場所に戻ってくるということだ。一度捨てた場所に、20年後ぐらいに再び戻ってくる。するとその頃までには、すっかり森に戻っている。そしてその森を焼き払うと、また以前と同じように作物を育てることができるようになっている。つまり20年待っている間に、地力が回復しているのだ。どうして地力が回復するのかというと、森のおかげだ。森の木々が毎年秋に大量の葉を落とし、その落ち葉をミミズやササラダニ、トビムシ、バクテリア、糸状菌などの土壌生物たちが共同で分解していく。その過程で、土がどんどん豊かになっていく。言ってみれば、森とは土のお医者さんのような存在で、疲弊した土を癒やしてくれている。

森には、このように土をよくする働きがあるので、「一度耕作放棄地になってしまい、森になってしまうと、二度と耕地に戻すことはできない」などという話はまったくの嘘と言っていい。ただ一度森になってしまうと、木の根っこを掘り起こすのがたいへんということは確かにある。でも、今の時代はブルドーザーなどの重機があるので、森を伐採して畑にするというのは、それほど困難な仕事というわけではない。

しかし、世間の多くは「一度耕作放棄地になってしまうと、二度と畑に戻すことはできない」という話を信じてしまっているので、耕作放棄地がまるで伝染病か何かのように扱われてしまっている。そのため、政治家の中には「とにかく進行を食い止めないといけない」という感じで、「耕作放棄地に、みんなで大豆や小麦を植えましょう」と市民に呼びかけたりする方もいる。

インターネットで「耕作放棄地」「ボランティア」というキーワードで検索すれば、たくさんの募集が出ていることに気がつくだろう。高齢化で動けなくなってしまった農家に代わって、元気な若者たちが、耕作放棄地の草を刈り、耕耘(こううん)をして、とにかく大豆か何か植えましょう、というボランティアだ。しかし残念ながら、これらボランティアのアプローチでは、決して耕作放棄地はなくならないだろう。なぜなら、「とにかく何かを植えれば、耕作放棄地を減らせる」という考え方は、根本が間違っているからだ。

そう、なぜ耕作放棄地が増えていくのか、その原因を考えたことがあるだろうか。そう尋ねると、多くの人はこう答える。「農家が高齢化して、動けなくなったから」と。確かにそれは、一つの直接的な原因ではある。しかし、根本原因は違う。根本原因はいったい何かというと、そもそもなぜ農家が高齢化しているのか、なぜ若者が入ってこないのか、ということにも繋がっていくのだが、それは純粋に経済の問題、あるいはビジネスの問題と言っていい。

どういうことかというと、第1章でも取り上げたが、林業の衰退を見れば、それがよくわかる。日本の森は、今荒れ放題になってしまっている。なぜ森が荒れてしまっているのか、という問題と、なぜ耕作放棄地が広がっていくのか、という問題は、根本のところでよく似ている。

ご存じのように、日本には人工林がとても多い。たいていはスギ、ヒノキ、マツの森で、どれも細くてひょろ長い木が、まるで剣山(けんざん)のようにぎゅうぎゅうになって生えている光景をよく目にするだろう(図2-6)。あれは山の状態としてはよくない。本当は、それらの細長い木の何本かを間引きして(間伐という)、太くて良質の木だけを残していくのが、正しい森の育て方だ。すると残された木は、どんどん太く、大きく成長できるようになる。しかし、現代はその間引きがされていない。だから、すべての木が細長くなり、太い木が

図 2-6　細い木がぎゅうぎゅうに生えている日本の森林

iStock.com/Masao Taira

育つことができなくなっている。なぜそんな事態になっているのだろうか？　なぜ間引きをしないのか、その理由をご存じだろうか？　いや、正確には、間引きをしたくてもできないのだが、それはいったいなぜだろうか？

その答えは、間伐材（間引きをした材木）が売れないからだ。かつて林業の世界では、森をつくろうとするときに、こう言われていた。「しっかりとしたスギの森ができるまでには50年かかる。だけど、10年おきにお小遣いをもらうことができるぞ」と。そのお小遣いというのが、間伐材のことだった。つまり、立派な木材をつくるには50年の年月が必要だが、その途中途中で、間伐材を売っていけば、それで儲けることができる。だからスギの森はいいぞ、ということで、みんなこぞってスギやヒノキを自分たちの山に植えていった。

ところが、１９８０年代あたりから、その方法がうまくいかなくなってしまった。というのも、その頃から、外国から安い木材が大量に入ってくるようになってしまったからだ。フィリピン、インドネシア、マレーシアといったところから、安いラワン材が大量に輸入されるようになった。すると、日本の間伐材はまったく売れなくなってしまった。値段が高すぎるからだ。間伐材も、ラワン材並みに値段を落とせば売れるかもしれないが、そうすると、もはやコストの方が高くなってしまう。間伐材を切るためのチェーンソーの燃料代、切った木材を山から運び出すためのコスト、それをトラックに積んで運ぶコスト、それらのコストを足し合わせると、どうしてもフィリピンやインドネシアの木材よりも高くなってしまう。だから売れない。もし安い値段で無理やり売ろうとすれば、コストより安くなる。間伐をすればするほど、赤字が積み重なることになってしまう。10年ごとにお小遣いがもらえるという話だったのに、実際には、お小遣いどころかお荷物だけを抱える羽目になってしまった。そういう理由で、日本の山はほったらかしにされている。木を切りたくても、赤字になってしまうので切れないのだ。

　耕作放棄地も、根本は同じ理由だ。たとえ耕作放棄地で大豆や小麦を作ってみたところで、そんなものは売れやしない。買ってくれる人などいない。なぜなら、海外からもっと安くて良質な大豆や小麦が入ってきているからだ。繰り返しになるが、日本の大豆の価格は世界一高い。それは、それだけ効率が悪いのだ。先ほど見たのと同様に、大豆の１haあたり収量もまた、１９６０年代からまったく向上していない。

　その生産効率の悪さこそが、なぜ耕作放棄地が増えてしまったのか、その根本原因だ。高齢の農家の方が１９６０年代の手法で育てた大豆では、アメリカやブラジルのプロ農家がつくった大豆に、価格や品質でかなうはずがない。間伐材のときと同じで、売れないものを作ってみたところで、ただ赤字が積み重なってしまうだけだ。

それならば、もっと売れるトマトやピーマンを作ればいいと思うかもしれない。確かにその通りなのだが、トマトやピーマンなどの野菜は、とても手間がかかる。片手間でできるものではない。そうなると、結局何もしないでほったらかしにしておこう、という結論になるのも、理解できるだろう。幸いなことに、農地に対する税金はそれほど高くない。ほったらかしにしておいても、経済的にはたいした痛手ではない。いつか転売のチャンスもあるかもしれないので、農地を売ろうという気にもならない。そうして、耕作放棄地が増えていくのだ。

こういう本当の事情がわかると、耕作放棄地に「とにかく大豆を植えましょう」とか「ボランティアの手で、とにかく耕しておきましょう」というのが、いかに馬鹿げたアプローチかということが見えてくるだろう。それは、日本人の多くの人たちが、農業をビジネスとは思っていない証拠でもある。

耕作放棄地問題がなぜ解決しないのか、その理由は、人手不足とか高齢化ではない。本当の原因は、海外の安くて良質な大豆や小麦に対抗できるだけの農業ができていないからだ。この「国際競争力のなさ」から目をそらしていては、永久に解決は望めない。本当に耕作放棄地を解決したいのなら、おそらく方法は一つしかないだろう。それは、耕作放棄地でつくった作物が、きちんと売れるように工夫すること。つまり、農業をきちんとしたビジネスに独り立ちさせること。

前述したように、森はすっかりビジネスをあきらめてしまった。もちろん一部のプロ林業家たちは、今でもしっかり木材を売って、がんばっている。でも、多くの山の所有者たちは、もはや木材を売ることをあきらめ、山を放っておく方を選ぶようになった。そうして、日本の森から「木材を売る」という行為は消え、いかに「地球環境を守るか」という視点にとってかわった。日本では、森はもはやビジネスの現場ではなくなったのだ。

そして農業もそうなりつつある。その証拠が「農業の多面的機能」というものだ。それはどういうものかというと、畑や水田には、作物を育てる以外にたくさんの有用な機能がある。たとえば、洪水を防ぐ機能、土砂崩れを防ぐ機能、地下水をつくる機能、農村の景観を保全する機能、体験学習と教育の機能、生き物の住み処なる機能、といったものだ。そういった多様な「めぐみ」のことを、「農業の多面的機能」と呼んでいる。そして今の日本では、この「農業の多面的機能」にたくさんの国家予算が投じられるようになった。つまり、農業をもはや産業として見るのではなく、環境を守るための一手段として捉えるようになったのだ。

そういう施策の方向性は理解できないこともないが、いい加減、小手先の解決策で逃げようとするのはやめにしませんか、と提案したい。今の日本の農業問題は、ほぼすべてが

「農業をビジネスから切り離したこと」に由来している。言い換えれば、農業をきちんとしたビジネスにできれば、およそすべての問題は解決に向かう。そのためには、他のビジネスと同じように、極限までコストを切り詰め、最大の利益を追い求める必要がある。そのとき一番大切なのが、1haあたりの収量を上げていくことだ。1haあたりの収量を、今の2倍、3倍にすることができれば、値段でも、十分に海外と渡り合っていくことができるようになるだろう。

イスラエルでは、農業はすべてビジネスとして成り立っている。だから、「農業＝お年寄り」といったイメージは微塵もない。農業現場にはたくさんの若者がいて、みんな生き生きと働いている。経営者たちと話をすると、みな「いかにして自分の農業ビジネスを大きく育てていくか」、そんな夢を熱く語ってくれる。そういう姿勢が、今の日本には必要なのではないだろうか。

5　株式会社化が答えではない

日本の農業問題をすべて解決させるためには、農業をしっかりとしたビジネスにすることだ、と提案した。ただここでも誤解が生じやすいのだが、日本では、「農業をビジネスにする」というと、多くの人がどうも「株式会社の参入」をイメージするようだ。確かにそれは一つの手段としてはあり得ることだが、それ自体が解決策になることはまずない、ということを伝えておきたい。というのも、ヨーロッパやアメリカでも、農業はそれほど株式会社化していないからだ。

実際、アメリカの農家（というか農業経営体）のうちの何パーセントが株式会社になっているかご存じだろうか？　ヨーロッパの場合は？

アメリカについていうと、全国で2百万の農業経営体が存在しているが、そのうちの97％は家族経営になっている。しかも88％は、小さな（といっても日本よりはずっと広いが）家族農園になっている。ヨーロッパでも、96％が家族経営だ（USDA National Agricultural Statistics Service, Eurostat）。

つまり、世界の農業ビジネスといえども、その経営母体は、基本的には小規模の家族経営なのだ。だから当然、日本もそれでいいと言える。今まで通り、経営の基本は家族単位でかまわない。無理に株式会社化する必要はまったくない。

では、農業をビジネス化していくためには、どこから手をつければよいのだろうか。一番大切なのは、やはり農業の根幹、栽培法を見直すことだ。ところが不思議なことに、これがまったくといいほどされていない。

近年、農業界にも異業種から参入してくる人たちが多くなった。それこそ農業とまったく関係のなかった企業などが、農業を始めようとするケースも増えている。それは歓迎すべき動きだろう。ただ農業を始めるにあたって、彼らはどうやって栽培をしていいのかわからないことが多い。当然だろう。農業をしたことがないのだから。そこで多くの企業は、腕利きの農家をアドバイザーとして迎え入れる。いわゆる「匠（たくみ）」と呼ばれるプロフェッショナル農家だ。それは素晴らしいことなのだが、実はここに落とし穴がある。というのも、匠の人たちは、往々にして冒険しようとはしないからだ。

匠の栽培法を習得すれば、素人だった参入企業も、おいしい野菜が作れるようになる。見た目もきれいで、等級の高いものを作れるようになる。しかし、ほとんどの場合、収量（1haあたりの収穫量）が少ない。いや、日本の中でいえば、決して少ないわけではない。平均だろう。しかし、それは世界レベルでみれば、少ないのだ。

ここに、危うい落とし穴がある。匠の多くは、昔ながらの農法を変えることを嫌がる。伝統的な方法が最善であり、それを変えることはまかりならん、と考える方が多い。すると、図2-1から図2-5のグラフで見たように、収量も50年前のままということになる。それが一番の問題なのに、そこを変える気がないだけでなく、そもそも「収量に問題がある」ということを認識すらしていない。確かに日本だけみていると、誰も「収量」に問題があると感じていないから、そこに目を向けることすら難しいのだろう。でも、そこを変えていかないといけない。1haあたりの収量を向上させる道を探求していかないと、日本は永久に国際競争力を身につけることはできない。

では、農地1haあたりの収量を向上させるためには、いったいどうしたらよいだろうか。それは、株式会社化とか、経営の改善とかで実現できることではない。栽培法そのものを、がらりと変えていかないといけない。ここで、大きな決断が要求される。従来の伝統的農法に疑問を持ち、それをさらなるいいものへと改善していく努力が求められる。

そんなまったく新しい農法を模索しようとするときには、自分たちだけの力でゼロから開発しようとしていては、たいへん効率が悪い。すでに海外には、進んだ成功事例がたくさんある。まずはそれを学び、吸収することが、世界に追いつく一番の近道であろう。その上で、日本の風土や文化にあった形で、独自の農法を発達させれば、再び世界のトップに立つことも夢ではない。

そして海外事例を学ぼうとするとき、一番参考になるのが、イスラエル農業になるだろう、と私は考えている。

次章から、そんなイスラエル農業とは、いったいどんな農法なのか、詳しく紹介していこう。それは、巻頭にも述べたように、従来の日本の農業とはまったく違った形の農業になる。そのため、多くの人たちにとっては、歓迎すべき農法というよりは、拒絶反応を催させる農法かもしれない。

「そんな農業は嫌だ」と思う人が多いのではないかと予想している。

ただ明治維新の頃の日本人も、同じように拒絶反応を示したのではないだろうか。「そんな西洋かぶれのやり方は許せん」と感じた人がきっと多かったに違いない。進化とは、常にそういうものだろう。誰にとっても、変化とは苦痛なものだ。「今のままでいいじゃないか」とついつい思ってしまう。

私自身もそうだが、もうＡＩ（人工知能）とかの急速すぎる進歩には、正直辟易としている。「テクノロジーの進歩は、ここで止まってしまってもいいじゃないか」とさえ思ってしまう。スマホはこれ以上進化しなくてもいい。ＳＮＳも新しいものが次々と出てくるが、必要ない。空飛ぶ自動車なんていらないし、遺伝子テクノロジーもいらない。そう思ってしまう。

そしてそんな変化を拒み、「昔の方がずっといい」という理由を提示することはいくらでもできる。「昔のやり方が正しい」という正論なら、百でも千でも用意することができる。しかし、それではいけないのだろう。かつて１８００年代に産業革命が起きたとき、ラッダイト運動と呼ばれるものが起きた。当時、初めて地球上に登場した「機械」というものに拒絶反応を示した人たちが、「こいつら機械のせいで、我々の仕事が奪われるのだ」と言って、機械を次々と打ち壊していった運動のことだ。今のＡＩへの拒絶反応は、基本的にそのラッダイト運動と変わらない。誰もが、まったく新しいことに対しては、無意識に反発したがるのだ。

でも、歴史を振り返ってみればわかるように、ラッダイト運動がどれだけ機械を壊しても、世界の流れを止めることはできない。現代も同じだ。ＡＩの進歩も、遺伝子操作の進歩も、グローバル化の流れも、止めることはできない。止めることができないのならば、その変化を受け入れて、自分自身を変えるほか、生き残る道はない。それが進化というものだろう。進化とは決して嬉しいものでも、楽しいものでもない。進化とは、常に苦しいものだ。でも進化を拒み、変化を拒絶した者は、滅びるしかない。

農業もまったく同じであろう。初めて目にするイスラエル式農法を、多くの日本人は最初拒絶することだろう。しかし、イスラエルやヨーロッパはすでに完全にこの農法になっている。それどころか、ＡＩの進歩に合わせて、さらに急速に変化していこうとしている。

今、日本は選択を迫られている。まさに明治の開国のときと同じ選択だ。それまでの古いやり方にしがみつき、「攘夷、攘夷」と叫んで、とにかく海外からの脅威を排除しようと刀を振り回すのか、あるいは、もはや鎖国は続けられない、という現実をしっかりと受け止めて、その変化に柔軟に対応していくべく、まずは諸外国の先進事例を謙虚に学ぶべきか、その選択で、今後の未来はまったく違ったものになると思われる。

第3章 最先端ICT農業とは——イスラエル式農業

1 イスラエルの厳しい条件

イスラエル農業を紹介するにあたり、まずイスラエルが置かれている状況を整理しておこう。数値を見ると、本来はいかに農業に適していない土地かということがわかるはずだ。

イスラエルの国土面積は220万7000haで、よく日本の四国とだいたい同じ面積と言われる。日本の国土面積の6%にすぎず、そこに832万人が暮らしており、人口密度は日本より高い。日本が3人/haなのに対し、イスラエルは4人/haとなっている。国土の60%が砂漠となっており、国の南側はまったく雨が降らない。北に行くほど降水量が増えていくが、テルアビブでも年間降水量は560㎜しかなく、東京の3分の1にすぎない(図3－1)。しかも東京と違い、雨は雨期の3カ月に集中して降るため、残りの9カ月はほとんど雨が降らない乾季となっている。つまり雨だけに頼っていては、およそ農業は不可能な場所と言っていい。

その証拠にテルアビブより南では、灌漑をしていないところは、草木一本生えていない。現地に行ってみると、高速道路沿いの土手などには、日本と同じように草や灌木が生い茂っているので、一見すると緑豊かな国に見えるかもしれないが、実はその根元を注意して見てみると、すべて人の手で灌漑されていることに気づく。本当に街路樹の一本一本にいたるまで、緑という緑はすべて灌漑されている。灌漑なしでは、何一つ緑が生えてこないためだろう。

そのため、森というものを見ることがほとんどない。日本は、国土の66％が森林であり、もし人間がいなくなれば、ほぼ100％が森林にかえっていくと思われる。それだけ日本全体が雨に恵まれている。一方イスラエルはというと、森林は国土の5％しかない。木が育たないからだ。もし人間がいなくなったら、その率はさらに減るかもしれない。それだけ雨が少ない土地であり、農業にとっては致命的な問題と言える。

さらには、水不足というだけでなく、土にも問題が多い。日本と比べると、イスラエル

図 3-1　イスラエルの降水分布

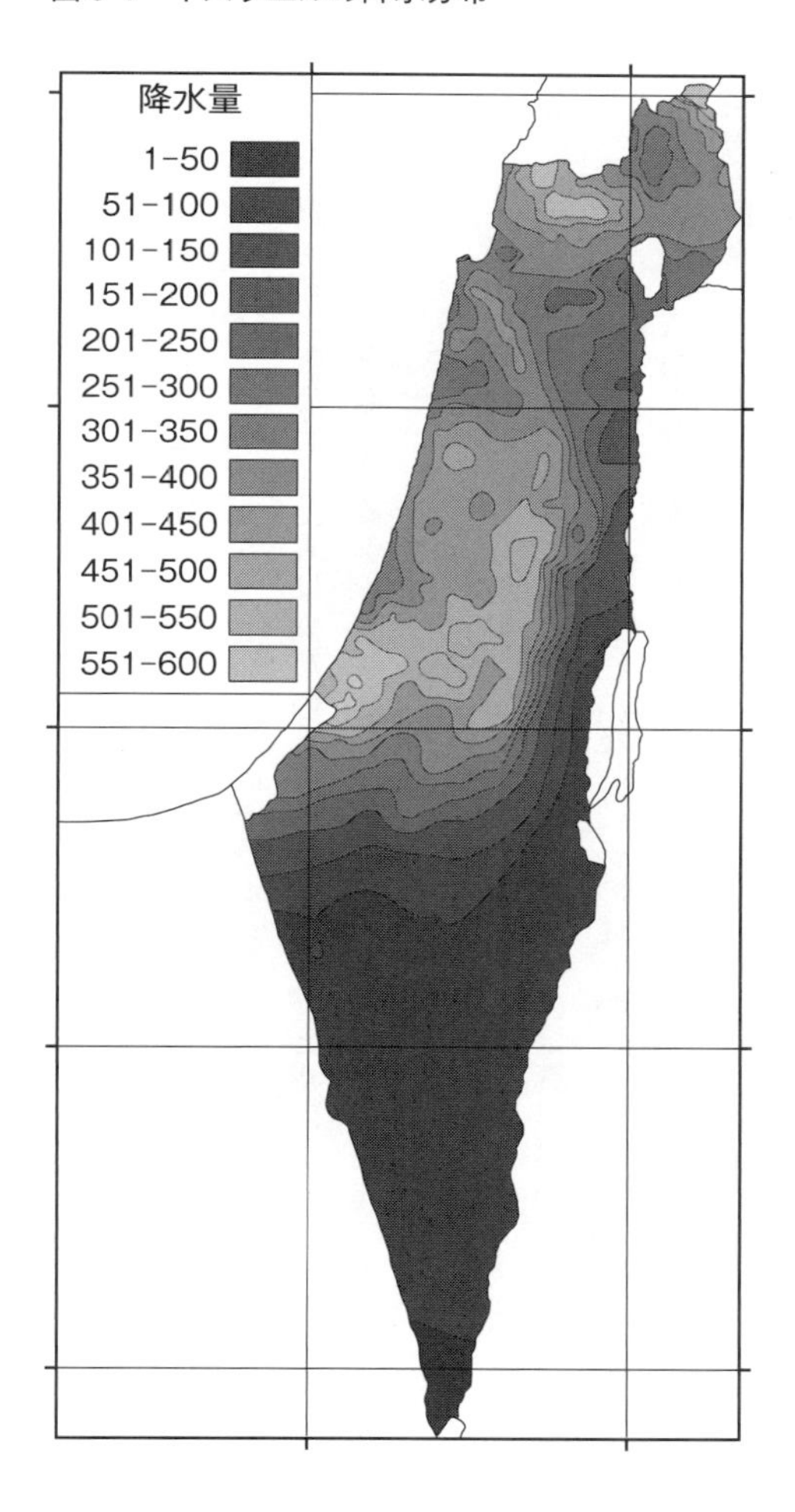

の土はまったく農業に適していない。そのことを理解するためには、少し土壌の基礎知識が必要になってくる。そもそも農業にとってよい土とは、いったいどのような土かご存じだろうか。

いい土かどうかを見極めるためには、正確には土壌分析をする必要があるのだが、ごく大雑把に言うならば、土の色を見ただけでおおよそのことはわかる。みなさんは子供の頃絵を描くとき、土を何色に塗っただろうか。焦げ茶色か茶色、そういう人が多いのではないだろうか。真っ赤に土を塗った人は少ないだろう。でも、たとえばインドネシアやケニアの子どもたちは、土を赤く塗るかもしれない。熱帯・亜熱帯では、実際に土がそういう色をしているからだ。

土の色というものは、地球上のどこにあるかで違ってくる。温帯である日本の土は、茶色から焦げ茶色をしている。さらに寒いロシアやウクライナには真っ黒い土がある。逆に赤道直下の暑い国に行くと、土は赤や黄色になる。その違いが何を意味しているかというと、土に含まれている栄養分の違いを表している。概して、日本のように茶色や黒っぽい土は、栄養分に富んでいる。黒色の正体は、有機物（落ち葉やミミズの糞など）であり、そこには作物を育てるのに必須の栄養分（窒素、リン酸、カリなど）がたくさん含まれている。つまり日本やロシアの土などは、たいへん素晴らしい土、と言って差し支えない。

それに対し、暑い国の赤や黄色の土は、農業にとって悪い土と分類される。栄養分がまったく含まれていないからだ。なぜ土が赤くなるかというと、大切な栄養分（窒素など）が抜けきってしまったためだ。なぜ栄養分が抜けきってしまったかというと、暑さのために化学反応が早く、有機物（落ち葉やミミズの糞など）はあっという間に分解され、雨とともに流れ去ってしまうからだ。後に残るのは、酸化鉄と酸化アルミニウムだけで、それらは自転車のサビと同じだ。つまり、必要な養分が流れ去り、サビだけが残されたもの、それが赤い土の正体ということになる。

そういった赤い土には、植物に必要な栄養素がほとんど含まれていない。私がかつてアフリカ・ニジェールで土壌分析をしたときも、窒素成分は見事にゼロだった。有機物が一切含まれておらず、土は基本的に粘土からできている。粘土というものはとても扱いづらく、雨が降ればぬかるみになるくせに、日照りが続くと、今度はカラカラに乾いてひび割れをする。普通に日本のようにじょうろで水をあげてみても、粘土は水をはじいてしまい、土の奥までなかなか染みこんでいかない。

イスラエルの土も、このようにたいへん扱いづらい土になっている。ただイスラエルの場合、粘土に加えて砂の成分が多いので、全体として赤というよりは白みがかった色をしているが、栄養分がまったく含まれていないという点では、赤い土と共通している（図

3-2)。

そしてこのような痩せた土壌では、「土づくり」というものができない。日本では、農業の話をすると、みんな二言目には「土づくり」と言ってくる。しかし、イスラエルなどのように暑い国では、「土づくり」がそもそもできない。不可能なのだ。もともと土の栄養分が、完全に抜けきってしまっていることに加え、たとえ肥料を与えたとしても、その栄養分を保持しておくだけの力が土にないためだ。いくら良質の堆肥を何トンも与えたとしても、暑さのためにすぐに分解され、雨とともにあっという間に流出してしまう。例えるなら、イスラエルの土は、骨と皮だけに痩せ衰えてしまった土であり、たとえおいしい食事をたくさん与えたとしても、それを消化するための体力すら持ち合わせていない状態にある。

加えて、イスラエルは暑いだけでなく乾燥地でもあるので、「塩」という問題も常につきまとう。もし気軽に畑に灌漑をしたとしたら、最初の1、2年はきっとよい結果になるだろう。でも数年もすると、すぐに塩がたまり始めるに違いない。そのまま不用意な灌漑を続けるならば、塩が畑を覆い尽くしてしまうことだろう。塩が一面に浮き出てくると、まるで雪が積もったように真っ白になる。それはとてもきれいな光景なのだが、栽培という意味では終わっている。もはや作物を育てることはできない。イスラエルの農業は、常

図 3-2　典型的なイスラエルの土壌（著者撮影）

にこの塩問題と背中合わせになっていることを知っておく必要がある。

以上は自然の厳しさであるが、さらに経済、社会、文化的な障害が加わってくる。まず前章で紹介したように、イスラエルの物価は日本よりもずっと高い。そのため、農業に必要なあらゆるものが高くなる。人件費、水道代、肥料、農薬代、ガソリン、輸送費、すべてのコストが日本よりもはるかに高い。

国内マーケットはとても小さいので、日本のように国内に販売するだけでは、農家が食べていくことはできない。積極的に海外に売っていかない限り、農家が生き残れる道はない。つまりイスラエルは、最初から輸出を想定した農業になっている。でも、そこにも障害があり、主な売り先となるヨーロッパ、ロシア、アメリカ、中国、インドは、イスラエルからとても遠い。ということは、そこまで作物を輸送するには、膨大なコストがかかるだけでなく、鮮度を保つための高度な技術（ポストハーベスト・テクノロジー）も必要になってくる。

日本の場合は、もし農家がそういう苦境に直面しているとしたら、国が大量の補助金を使ってサポートしてくれることだろう。でも、イスラエルでは、そのような国からのサポートはほとんどない。第1章で紹介したように、日本の場合は、農家の収入の実に49％が国からの補助金になっているが、イスラエルのそれは17％にすぎない（図1-1）。国全体で出している農業補助金の総額でいえば、イスラエルの支援額は日本の3％にすぎない（図1-2）。つまり、イスラエルの農家は、日本の農家と比べて国からの補助はずっと少なく、ほぼ自力ですべての問題を解決しなければならない状況になっている。

そして忘れてはならないのが、絶えることのない紛争だ。イスラエルという国は、建国当初から戦争のさなかにあり、かつても今も、そしておそらくこれから先も、ずっと戦争の中で生活していかなければならない。隣国からミサイルが飛んでくることもあるし、テロや爆撃によって農地が破壊されることもある。農地どころか、自分の命すら奪われるときもある。そんな日本では想像できないリスクの中で、農業ビジネスをしていかねばならない。

こうして改めて状況を整理してみると、もはや困難しかないことに気がつくだろう。およそ常識的に考える人ならば、こんなハンデだらけの土地で農業をしようとは思わないはずだ。それなのに、実際にはイスラエルは世界一の農業輸出国に成長している。なぜそんなすごいことができるのか。その秘密を、これから一つずつ紹介していく。その中に、日本が学ぶべき教訓が数多く含まれている、と私は強く感じている。

2 イスラエル農業を支える根幹――ドリップ灌漑

では、イスラエル農業の実際を見ていこう。前節で見たように、イスラエルの自然はたいへん厳しく、およそ農業に向いた場所とは言えない。そんな厳しい自然と対峙するために、イスラエルは高度なテクノロジーを採用した。イスラエルは、「農業テクノロジーのグローバルリーダー」と呼ばれることもある。とくに乾燥地域での、水に関するテクノロジーは世界最高峰だろう。

まずイスラエル農業の特徴として、最初におさえておかねばならないテクノロジーは、ドリップ灌漑の技術だ。ドリップ灌漑(drip irrigation)とは、日本語では点滴灌漑と訳されることもあるが、その名の通り、専用チューブの小さな穴から、点滴のようにぽたぽたと水滴を落として灌水するシステムを指す（図3‐3）。それに液体肥料を混ぜて、同時に施肥を行うこともでき、それはドリップ・ファーティゲイション（drip fertigation, 点滴施肥灌水）と呼ばれる。

このドリップ灌漑、見た目は地味で、それほどすごいテクノロジーという印象を受けないかもしれないが、これこそが、イスラエル農業の根幹を支えている技術と言っていい。というのも、イスラエルが抱える多くの問題（水不足、塩害、土壌の悪さなど）は、このドリップ装置の発明によって、一気に解決されることになったためだ。

このドリップ灌漑の技術自体は、日本でも古くから知られていた。1970年代には、すでに農業専門家の多くは知っていたはずだが、日本にはまったくと言っていいほど普及しなかった。専門家がドリップの有用性に気づくことがなかったからだ。その理由は、おそらく「ドリップ技術は、砂漠のような乾燥地でのテクノロジーで、雨が豊富な日本では意味がない」と考えてしまったためだろう。だが、その考え方は正しくない。ドリップ技術は、日本のように雨が豊富な土地でも大きな効果をもたらす。その証拠に、ヨーロッパはこのドリップ技術の有用性にいち早く気づき、1980年代から積極的に取り入れるようになり、今では全ヨーロッパ中に普及している。

図 3-3　ドリップ灌漑

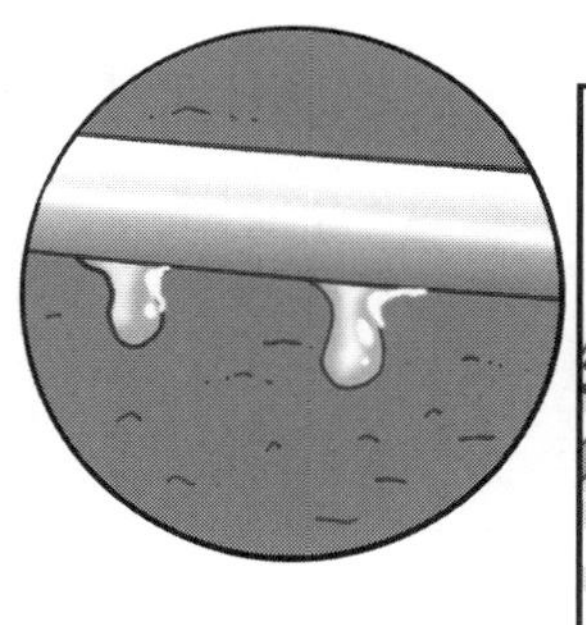

日本の灌漑がいかに遅れているかを知るために、数値で比較をしてみよう。たとえば日本は全耕地の64・8％に灌漑設備がしかれている（ICID 2018）。この数値自体は、世界的に見てかなり高い。たとえばフランスは全耕地の13・5％しか灌漑をしていない。ドイツ5・3％、イギリス2・4％、スペイン21・2％、これらの国々に比べると、日本の灌漑率は突出しており、オランダの45％、イスラエルの56・6％と比べても大きい。

なぜ日本がこんなにも高い灌漑率を誇るかというと、当然水田のためだ。水田に水を引くために、日本は長い歴史の中で、精密な灌漑水路を発達させてきた。こんな国は、世界中探してもどこにもないだろう。それ自体は誇るべき偉業と言ってもいいのだが、実はここでもまた、日本の進歩はストップしてしまっている。おそらく日本は１９７０〜８０年代には、すでにこれだけの灌漑網を作りあげ、当時としては、まさに世界最高峰の灌漑を誇ったことだろう。しかし、その後世界の灌漑は急速に進化した。が、日本はその進化にまったくついて行っていない。

どういうことかというと、日本で「灌漑」と聞けば、ほぼすべての人が、この田んぼの水路を思い浮かべる。しかし、実はこの灌漑方法は、世界ではもう時代遅れの遺物になっている。というのも、この水田ほど水利用効率の悪い灌漑法はないからだ。

世界では、水田のような灌漑方法はflood irrigationと呼ばれ、直訳すると、「洪水灌漑」という意味になる。ただ日本語としては、「冠水灌漑」といった専門用語が当てられたりもしている（図3-4）。これは、「洪水灌漑」の名の通り、まさに洪水のときのように、耕地に水を一気に流し込む灌漑法であるが、その水利用効率はとても悪く、40〜60％しかないとされている。つまり、入れた水の半分以上は、蒸発や地下への流出で、無駄に消えてしまうことを意味している。

水利用効率で序列化すると、洪水灌漑の次に来るのが、畝間灌漑（furrow irrigation）である。これは、今の日本ではほとんど見ることがないが、耕地に畝をつくり、その畝と畝の隙間に水を流し込む方法で、洪水灌漑よりは、使う水が少なくて済む。しかし、これも洪水灌漑と同じで、水利用効率は40〜60％程度とされている。

スプリンクラーが発明されたとき、世界の農業は飛躍することになった。イスラエルでは、すでに１９３０年代にはスプリンクラーが開発されていて、１９７０年までには、小型から超大型のものまで、様々なタイプが実用化されている。日本でも、スプリンクラーは馴染み深いと思われるが、このスプリンクラーの水利用効率は、65〜75％とされている（図3-4）。つまり、スプリンクラーでも、まいた水の40％ほどが、無駄に消えていってしまっている計算になる。

そして、現代のテクノロジーで水利用効率が一番いいのが、ドリップ灌漑となっている

（図3－4）。ドリップ灌漑用のチューブが最初に発明されたのは、1964年のイスラエルとされている。それは金属製、あるいはプラスチック製のチューブに、外からドリッパーと呼ばれる散水装置をとりつけたシンプルなものであった。その後1977年にチューブの中に埋め込む形のインライン・ドリッパーが開発されると、どこにでも気軽にドリップ灌漑を引くことができるようになり、瞬く間に世界に普及していくことになった。

日本人の多くは、このドリップ装置というものに馴染みが薄いため、どのような仕組みになっているか、あまりご存じでない人が多い。簡単に解説をしておくと、ドリップチューブというものは、単にチューブに15cmおきに穴をあけている、といった代物ではもちろんない。もし単にチューブに穴を開けただけのものだとしたら、少し高低差があるだけでチューブ内の圧力が変わってしまい、高いところから出る水の量は少なく、逆に低いところからはたくさんの水が出てくる、といった不均衡が起きてしまう。斜面で使おうものなら、上はまったく散水されず、下は水浸し、ということが起きてしまう。また単に穴を開けただけだと、すぐに泥やゴミで目詰まりしてしまう。

そういう問題が起きないよう、現代のドリップチューブは精密な作りになっている。外から見ると、単に15cmおきに小さな穴が開いているようにしか見えないかもしれないが、チューブの内部には精密なドリッパーが埋め込まれており、それにより、チューブ内の圧

図 3-4　様々な灌漑法での水利用効率

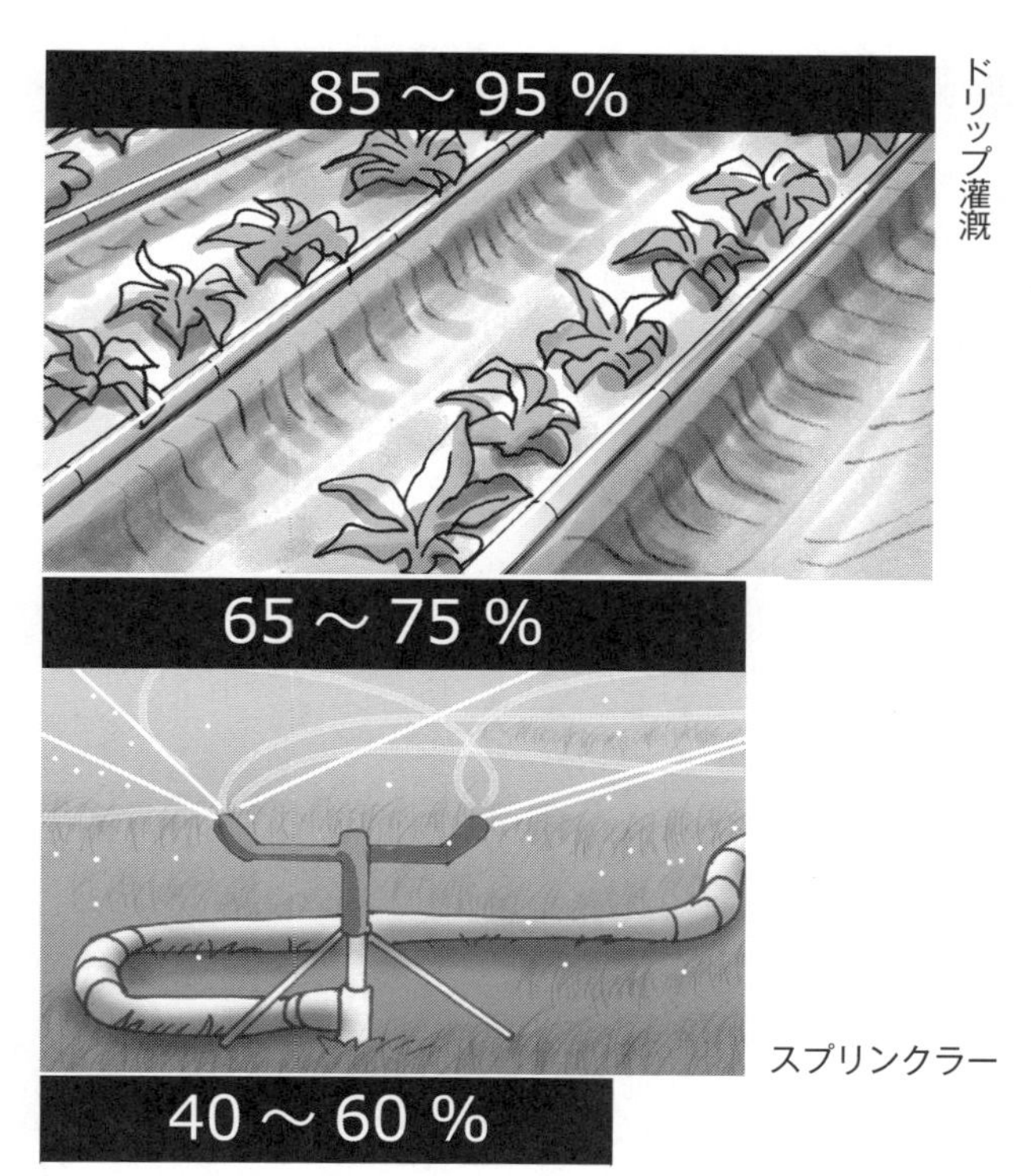

冠水灌漑

力が一定に保たれるよう工夫されている（図3－5）。斜面などの高低差のあるところに設置しても、高いところと低いところで散水量が変わってくるといった心配はない。またドリッパーの穴にゴミが詰まったりしないようにするために、フィルターが高度に発達することとなった。

このドリップ灌漑は水利用効率が最も高く、85〜95％とされている。つまり、ドリップ灌漑というものは、これまでの他の灌漑法と違い、作物の根に狙いを定めて、そこだけにピンポイントで水を供給するシステムであり、使う水の量を一気に減らせるというだけでなく、植物が吸い上げる量だけを正確に与えることができるので、蒸発や流出で無駄に消えていってしまうといったことがほとんどない。さらに、ドリップ灌漑では、単なる水やりだけでなく、施肥も同時にできてしまう。液体肥料を水に混入することができるからだ（ドリップ・ファーティゲイション）。そのときも、従来の「元肥（もとごえ）・追肥（ついひ）」といった大雑把な施肥ではなく、いつ、どこに、どの肥料成分を、どれだけの量与えるか、といったことを精密に管理できるようになっている。

このように世界では、灌漑というものは、洪水灌漑→畝間灌漑→スプリンクラー→ドリップ灌漑といった流れで進化をしてきた。日本はその進化から完全に取り残されているので、「灌漑といえば、洪水灌漑（水田の灌漑）」のレベルで止まってしまっている。先ほど、

図 3-5　ドリップチューブの中身

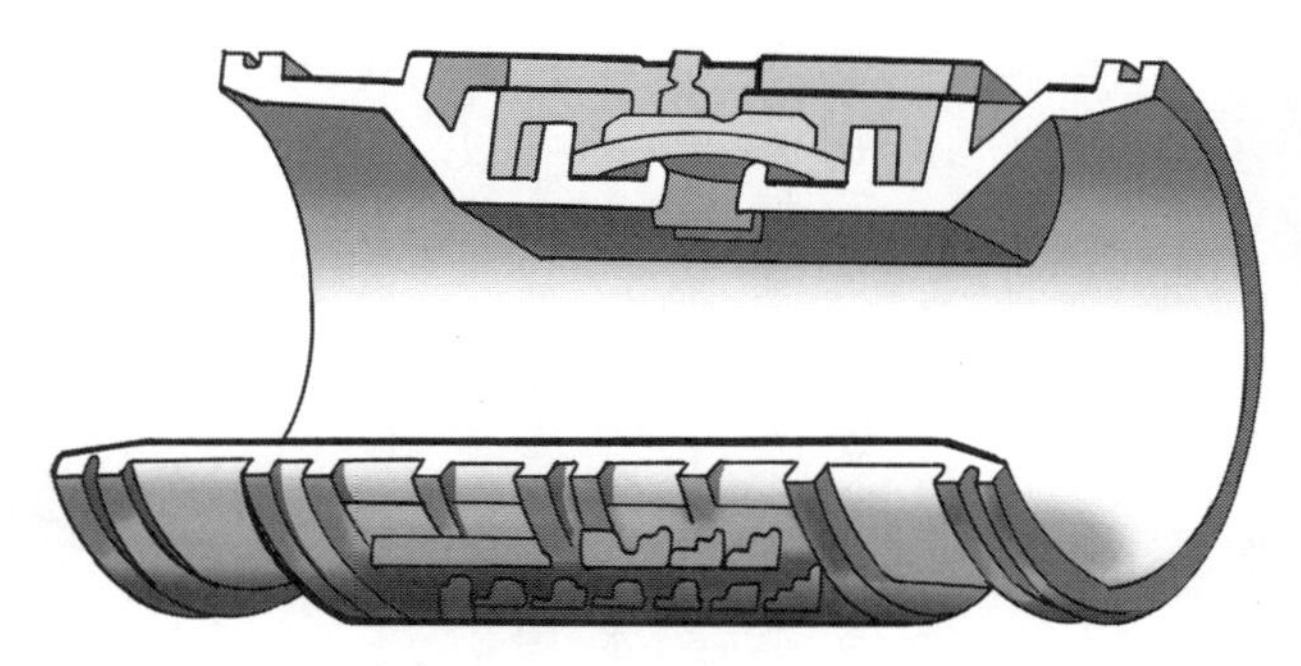

上部に水漏れ防止装置と圧力調節機能がついている。下部はラビリンス構造。

日本の灌漑率は64・8%で、世界的に見てもとても高いと述べたが、実はそのほとんどは、水利用効率の悪い洪水灌漑となっている。スプリンクラーとドリップ灌漑が日本にどれだけ普及しているかというと、2つ合わせても、全灌漑地の16・7%にすぎない。とくにドリップ灌漑については、全灌漑地の2%にすぎず、しかもそれらはほぼすべてビニールハウスの中だけであり、露地でのドリップ灌漑は、ほぼゼロに近いと思われる。日本では、まったくドリップ灌漑は普及していないと言っていい。

一方、海外とくにヨーロッパでは、灌漑のほとんどはスプリンクラーかドリップ灌漑に置き換わっている。スプリンクラーあるいはドリップ灌漑が全灌漑地に占める割合は、ドイツが98・1%、ウクライナが87・6%、スロヴァキアが99・9％、ハンガリー87・3％、フィンランド95・9％、スペイン73・7％、イギリス74％、イスラエル99・6％となっている。日本がいかに灌漑後進国になっているか、わかる数値だろう。

なぜ日本は灌漑後進国になってしまっているのか、その理由は単純で、雨が多いためだ。日本は、1年を通して作物が育つ程度の雨がしっかりと降ってくれる。それは世界でもたいへん珍しいことで、隣国の東南アジア、南アジアも大量の雨が降る地域として知られているが、日本以外のほとんどの国は、雨季と乾季にはっきり分かれている場合が多い。たとえばネパールの場合、年間降水量は1500㎜と日本とほぼ同じ量の雨が降る（日本は1668㎜、世界銀行データ）。しかし、それは4月から9月の雨季に集中して降るため、残り6カ月は乾季となり、まったく雨が降らない。つまり、灌漑をしなければ、その期間に作物を育てることは難しくなる。

ところが、日本にはそのようなはっきりとした乾季がない。灌漑をしなくても、作物を育てることができてしまう。それ故、日本の農業関係者は、「露地の畑作に灌漑はいらない」と判断してしまった。実は、今になって振り返ってみると、それは致命的な判断ミスだったと思われる。というのも、雨がたくさん降る地域であっても、やはりドリップ灌漑を入れた方がよいからだ。その理由は二つあり、一つは露地においても、ドリップ灌漑をすることで、収量が上がるため。もう一つは、未来の農業と伝統農業をつなぐ橋渡し役が、ドリップ灌漑だからだ。後で紹介するが、近未来の農業は、耕地一面にドリップチューブがしかれていることを、前提としている。その前提条件が満たされていない限り、いくら高度なセンサーやクラウド、AIを導入したところで、まったく意味をなさなくなってしまうのだ。

このあたりを正確に理解するためにも、まずドリップ灌漑とはいったい何なのか、しっかりと理解しておく必要がある。

3　なぜ日本にもドリップ灌漑が必要なのか。その①収量の増加

ドリップ灌漑というものは、先に見たように、元々はイスラエルのような砂漠に近い地域で発明された技術だ。一番の目的は、当然ながら貴重な水を無駄遣いせず、節約することにあった。イスラエルでもし日本の洪水灌漑のように無駄の多い灌漑をしていたら、あっという間に水が枯渇してしまうだろう。貴重な水を一滴でも無駄にしないために、作物の根本に必要な量だけをピンポイントで与えようと探求し続けた結果生まれたのが、ドリ

ップ灌漑だ。

そう、ドリップ灌漑の第1のメリットは、水を大幅に節約できること。海外では、これは死活問題であり、使う水の量を減らせるということは、それだけコストを抑えられることを意味している。

合わせて、イスラエルがドリップを開発したもう一つの理由は、塩問題にある。イスラエルのような砂漠に近いところでは、農業とは常に塩問題と背中合わせになっている。ところで、なぜ塩が浮き出てくるのか、その原理をご存じだろうか。

どうも多くの人はこう考えているようだ。イスラエルのように乾燥したところの水は、日本の水よりも塩分濃度が高い。そのような水を畑にまいていると、水分だけが蒸発し、あとには塩が残されていく。それが塩類化の原因だと。この考え方は、間違いではないが、正しくもない。確かにそういう原理で出てくる塩もあるのだが、その量は決して多くはない。なぜ雪が降ったかのように畑一面に塩が浮き出てしまうのか、それは「毛管現象」により地下の水が逆流してしまうからだ。

毛管現象とは、直径1㎜よりも細いストローのようなもの（毛管）を水に刺すと、そのストローの中を勝手に水が逆流する不思議な現象のことをいう。この毛管現象は、ストローのようなまっすぐな物だけでなく、そういった細かい隙間さえあれば、どんなところでも生じる。たとえばガーゼの中にも無数の毛管が存在しているので、ガーゼをひも状にしてコップの中のジュースに垂らせば、ジュースは重力に逆らってガーゼを逆流し始める。これも毛管現象だ。ティッシュペーパーが水を吸い上げる原理も、万年筆やサインペンがきちんと書ける原理も、この毛管現象だ。

そして土もまた、ガーゼと同じように無数の毛管を持った構造をしている。だから地下に水がたまっている場所（帯水層）があると、水は毛管現象によって土を逆流し、地上に出てこようとする。ただ砂漠地帯では、普通はそのような浅い場所に帯水層が存在してない。なぜなら、雨がほとんど降らないので、地下にたまるほどの水がそもそもないためだ。

しかし、灌漑をすると、話は変わってくる。灌漑によって大量の水をまくと、比較的浅いところ（地表下30㎝ほど）に帯水層ができてしまったりする。すると、その帯水層の水は、土の毛管により、容易に逆流して、地表に湧き出てきてしまう。そのとき、砂漠地帯の日差しは強いので、水はあっという間に蒸発し、水に含まれていた塩分だけが土の表面に取り残される。そうして地下からどんどん逆流してきた水が、塩分だけを残して蒸発してしまうと、後には真っ白な塩の山が残される。それが塩類土壌の原理だ。

このようなメカニズムを理解した上で、では、いったいどのような対処法をするのがよいのだろうか。かつては、塩類化の予防策はあまりなかった。水をまかなければ、地下に帯水層ができることもないので、毛管現象は起きない。だから「水をまかない」というのが解決策の一つなのだが、そんなことを言っていては、乾燥地帯で農業はできない。

かつてイスラエルでは、土の下30cmほどに、ビニールシートを埋め込むという方法をとっていたこともあるようだ。そうして地下との毛管を分断するとともに、ビニールより上の土壌の排水をよくし、水がたまらない工夫などをしていたらしい。しかし、耕地一面にビニールシートを埋め込むというのは、たいへんな労力だ。

こういった塩問題を一気に解決したのが、ドリップ灌漑だ。なぜなら、ドリップ灌漑では、水は必要最低限の量だけを、ポタポタと水滴でたらすシステムになっている。それは作物の根から吸収されるだけの少量なので、余分な水が地下に流れ落ち、帯水層をつくるということがない。つまり、毛管現象が起きないのだ。毛管現象が起きないのであれば、深刻な塩問題は起きない。ドリップ・テクノロジーというのは、貴重な水を節約し、塩問題さえ解決する、まさに画期的な発明だったと言える。

しかし、こういったすごさを聞いても、日本に住む農業関係者はきっとこう思うことだろう。「それはイスラエルの事情であって、日本には関係ない」と。日本は四季を通じて水が豊富にあるし、塩問題もまず起きない。だから、ドリップ灌漑は必要ない。

日本の農業関係者の大半がそのような考え方を持っているため、ドリップ灌漑というものが正しく評価されないまま、ここまで来てしまった。ドリップ灌漑には、他にも様々な機能とメリットがあり、実はそれらの機能こそが、日本農業の問題を解決するための切り札になり得るのだ。

思い出してみよう。日本の農業問題の根源はいったい何だったか。それは、鎖国と補助金漬けのぬるま湯の中で、国際競争力をすっかり失ってしまったことだ。より具体的に言うならば、1haあたりの収量が低いこと。それを解決しない限り、日本の農業が世界と渡り合っていくことはできない。では、どうしたら1haあたりの収量を上げることができるだろうか。

その答えの一つが、このドリップ灌漑だ。正確には、日本の場合は、ドリップ灌漑よりもドリップ・ファーティゲイションが有効になってくるだろう。ドリップ・ファーティゲイションとは、先に述べたとおり、ドリップ灌漑に液体肥料を混入し、水やりと同時に施肥も行ってしまうというシステムのことだ（英語では、肥料のことをファーティライザー〈fertilizer〉といい、灌漑のことをイリゲイション〈irrigation〉という。この二つの言葉をくっつけて、ファーティゲイション〈fertigation〉という用語が生まれている）。

このファーティゲイションもまた、イスラエルの特別な事情から生まれている。本章第1節で説明したように、イスラエルのような亜熱帯では、「土づくり」というものが難しい。無理と言ってもいい。元々土に栄養が少ない上に、いくら肥料をあげても、すぐに分解されて、雨と一緒に系外に流出してしまうからだ。

そんな問題を解決したのが、ドリップ・ファーティゲイションだった。というのも、ドリップ灌漑と一緒に液肥も少量ずつ根本にまくことができれば、たとえ土にまったく栄養がなくても、作物にきちんと栄養を与えることができるようになるからだ。しかも、1度にまく量は微量なので、無駄に系外に流出して、河川や地下水を汚染する心配もない。つまり、熱帯・亜熱帯のように土づくりが不可能な土地では、「少量多頻度」で施肥を行うのが原則であり、それは従来の手による施肥では無理で、全自動のドリップ・ファーティゲイションにより初めて可能となった手法と言っていい。

そしてこの「少量多頻度」で行う施肥法は、実は日本の農業においても、その威力を十分に発揮する。どういうことかというと、作物というのは、その生育ステージによって必要とする栄養素（窒素、リン酸、カリなど）の量が変わってくることが知られている（図3-6）。人間に例えるとわかりやすいと思うが、赤ん坊の頃、小学生の頃、高校生の頃、20歳の頃、中年の頃では、当然ながら食べる料理の種類も量も変わってくる。大切なのは、それぞれの生育ステージに合わせて、必要な栄養素を過不足なく与えることだ。植物も、そのように各ステージで最適の肥料を与えられると、元気にストレスなく大きくなってい

図 3-6　植物が成長ステージごとに必要とする養分量のイメージ

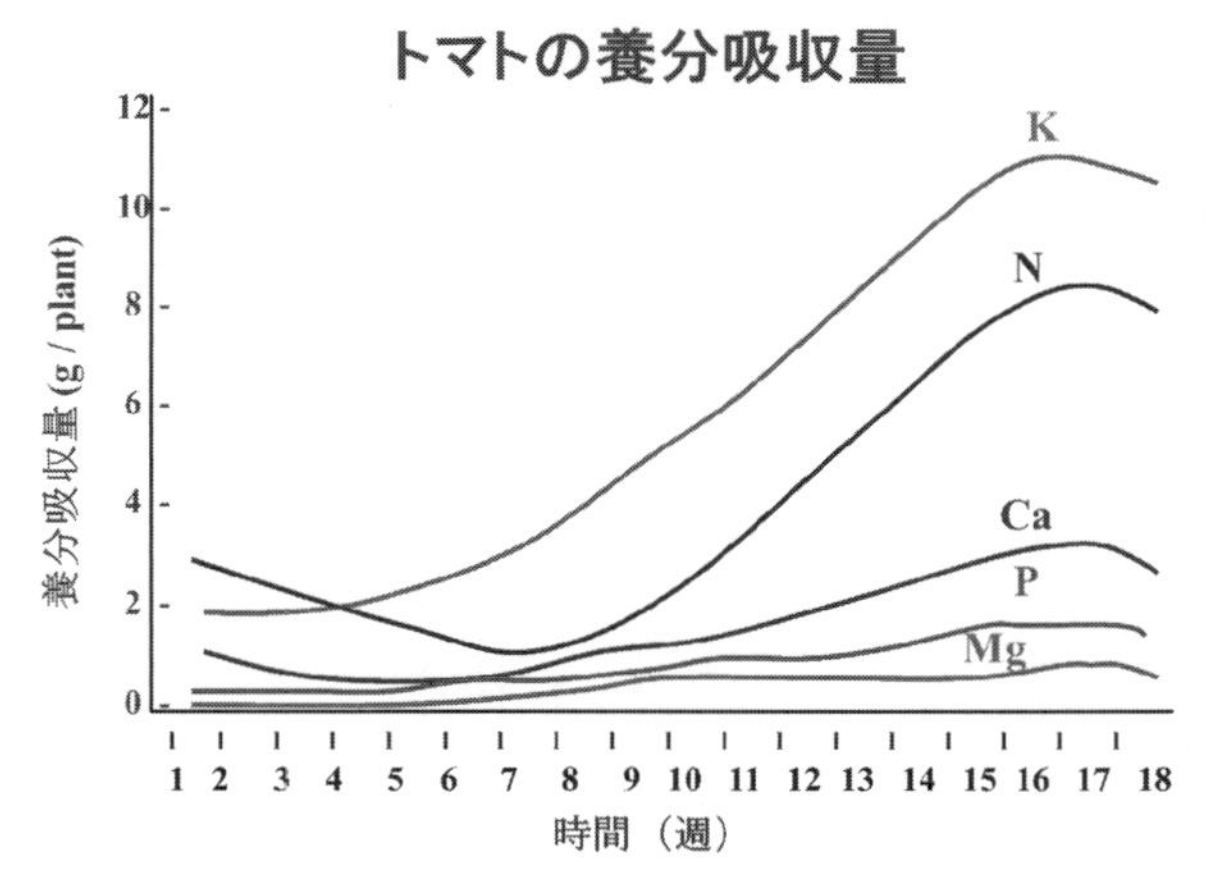

K ＝カリウム、N ＝チッ素、Ca ＝カルシウム、P ＝リン、Mg ＝マンガン

く。

だが、従来の固形肥料による施肥法では、このようなきめ細やかな栄養管理ができなかった。どういうことかというと、固形肥料の場合は、最初に元肥という形で肥料の7割ほどを一気に施肥してしまうのが通常だ。その後、作物が実をつける頃に、追肥というかたちで残り3割ほどを投入する。しかし、この方法ですると、肥料成分は、最初の雨の時に一番多く出てきて、その後はだんだんと減っていく。その後また追肥でドンと増えるタイミングがあるが、その後はやはり減っていく。このよう

に、作物に供給される栄養分は、ピークが二つの山という形で変動してしまうため、作物がもっとも栄養を必要とする成長期に、肝心の肥料が足りないという事態が起こりえる（図3－7）。まるで、赤ん坊の時にステーキを山盛り提供しておきながら、高校生になったときには乾パンしか与えないといった状況になり得るのだ。

一方ドリップ・ファーティゲイションを使えば、作物がその時々に必要としている栄養分を、毎日少量ずつ、過不足なく与えることができる（図3－8）。そのようなきめ細かな施肥が、1haあたりの収量増加に直結していく。

実際、私は2015年から、「日本の露地において、ドリップ・ファーティゲイションを導入することで、本当に収量が上がるのか？」というテーマで産学連携の実験を繰り返している。第4章で紹介しているが、これまでピーマン、トウモロコシで実験をしており、いずれもドリップ・ファーティゲイションにより収量が増加している。ピーマンでは、従来の方法より最高で130％収量が増加し、トウモロコシでは260％増加した。とくにトウモロコシ（スイートコーン）では、1株から5本のトウモロコシを収穫することを目標にして頑張っており、すでに「1株4本取り」には成功している。この本が出版される頃には、1株5本取りが報告できれば、と考えている。

このように、雨がたくさん降る日本の露地においても、ドリップ・ファーティゲイショ

図 3-7　従来の固形肥料による施肥のデメリット

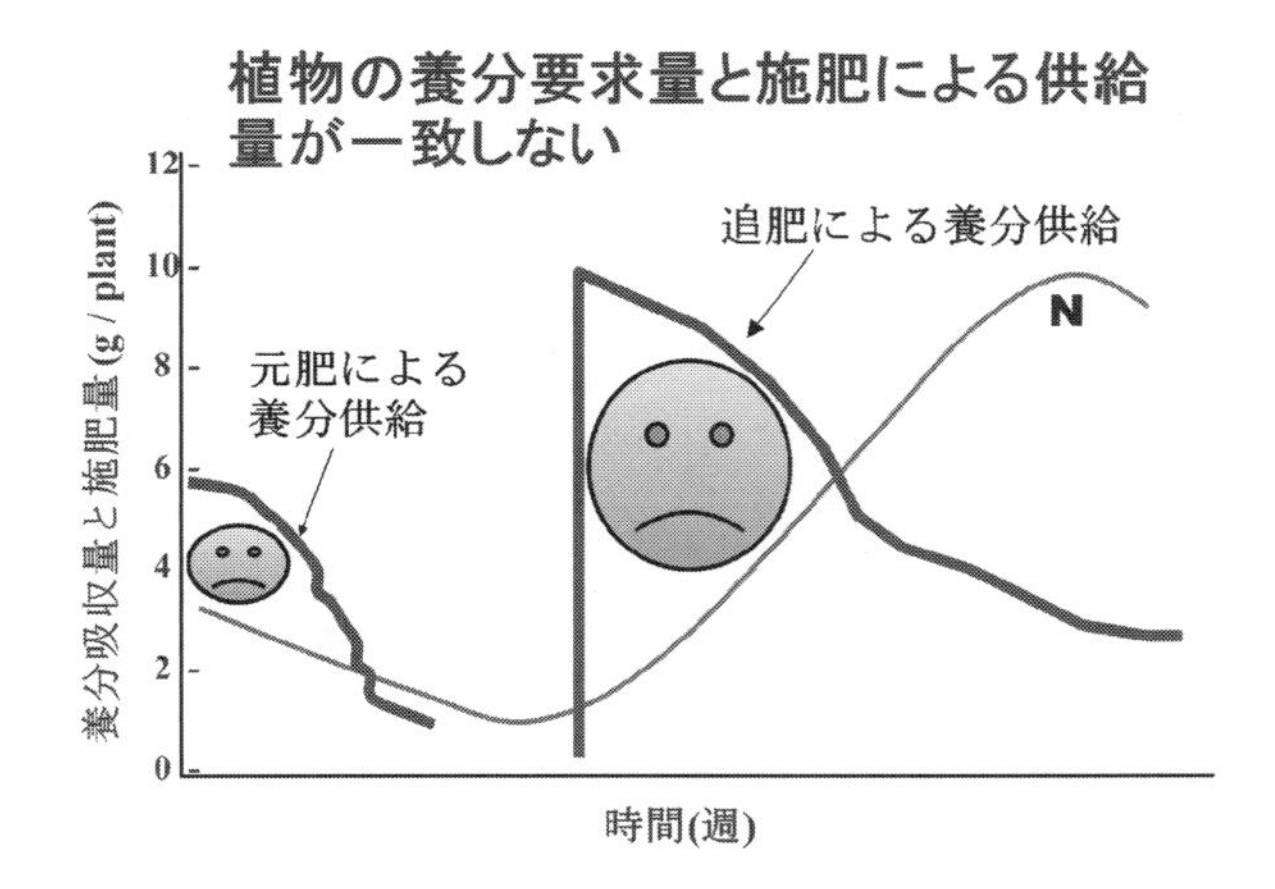

図 3-8　ドリップ・ファーティゲイションによる最適な施肥

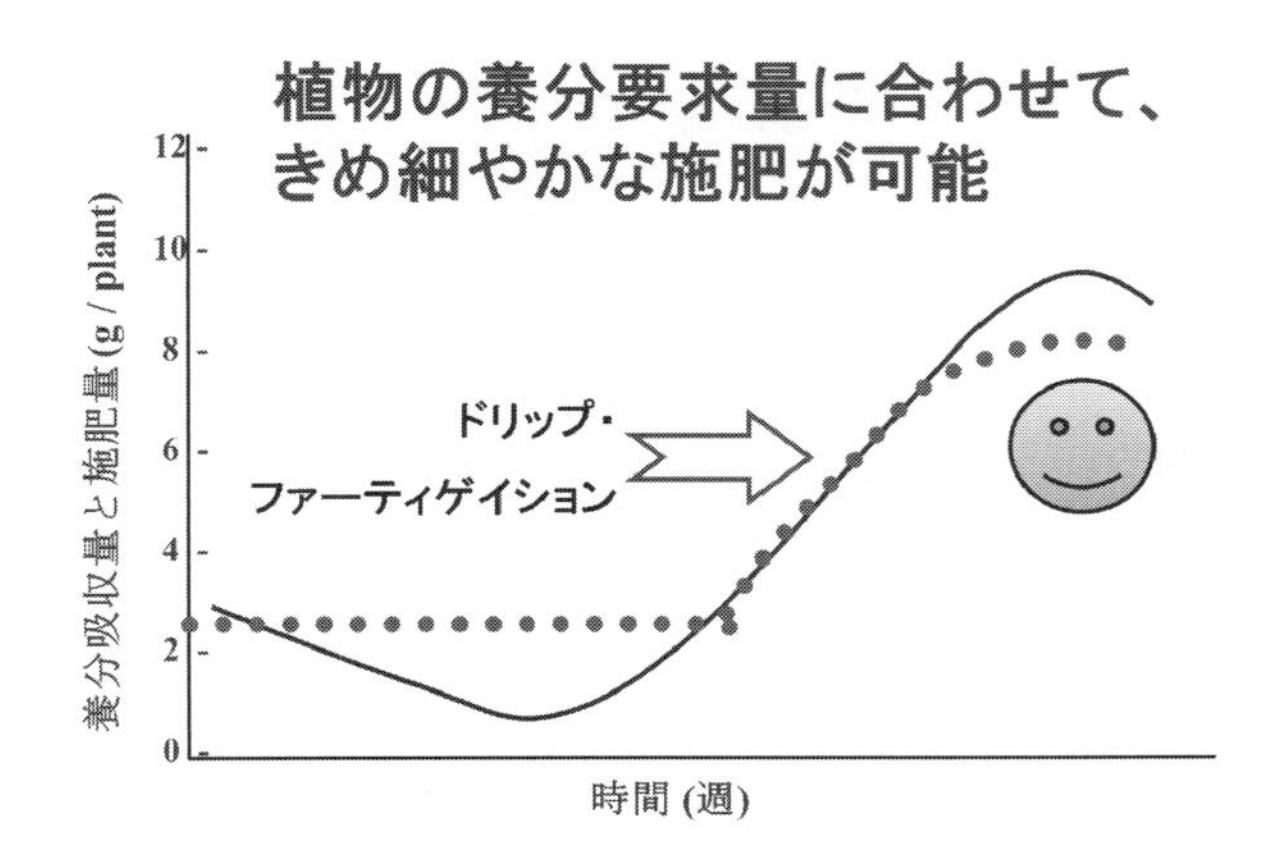

ンを導入することにより、収量アップが見込まれる。それが、日本においても、ドリップ灌漑およびドリップ・ファーティゲイションを取り入れた方がよい理由の第一だ。

4　なぜ日本にもドリップ灌漑が必要なのか。その②未来の農業のために

収量の増加、以外にもドリップ・ファーティゲイションはたくさんのメリットをもたらしてくれる。ざっと列挙してみると、まず農作業がぐっと楽になる、施肥も水やりもすべて全自動になる、夏の日照りの心配もなくなる、肥料を減らせる、窒素・リンの流出による環境汚染を減らせる、雑草も減らせる、害虫被害も減らせる、作物に与えるストレスをコントロールできる、などの効用がある。どれも素晴らしい効果だが、日本がなんとしてもドリップ灌漑を普及させねばならない理由は、他にある。先に述べたように、未来の農業に進化していくための前提条件が、ドリップなのだ。

どういうことかというと、後の章で紹介しているが、イスラエルやヨーロッパの農業は、今はクラウド農業の時代になっている。それは「センサーと衛星画像の農業」と言い換えることもできる。イスラエルの耕地には、今や多くのセンサーが張り巡らされている。そ

れによって、土壌の温度、土壌水分、肥料濃度、pHなどがリアルタイムにモニタリングされている。つまり、土は今どんな状態にあるのか、乾燥しすぎていないか、水浸しでないか、高温になりすぎていないか、肥料は足りているか、などを分刻みで精密に把握できるようになっている。さらに、上空からの衛星画像を加え、天気予測データなども駆使すると、「明日はどのエリアが水不足になるか」「どのエリアに重点的に窒素を施肥した方がよいか」などがすべて自動で解析されるようになっている。データはすべてインターネットを通じてクラウドにアップロードされるので、農家は世界中のどこにいても、スマートフォンから自分の農地が今どうなっているのか、詳細にわかるようになっている。世界の農業は、すでにここまで精密になっているのだ。

ただ日本でも、このような農業は徐々に知られるようになってきた。その証拠に、ここ2年ほどの間に、この手のセンサーを駆使する企業が続々と登場し始めた。NTT東日本も、このようなセンサー農業に乗り込んできている。そういった動き自体は歓迎すべきことであるのだが、残念なことに、日本の場合はもっとも肝心なところがすっぽり抜け落ちてしまっている。それは「センサーや画像データの分析をして、スマートフォンで畑の状況が手に取るようにわかるようになったとして、さあ、その後どうするか？」という問題だ。

今の日本の状況では、そこで手詰まりになってしまう。スマートフォンを見て、「ああ、うちの畑は今水が不足しているな。水をあげなくては」とわかったとしても、その後実際に水をやるためには、畑に行って、散水チューブやスプリンクラーを引っ張り出してきて、手動で水をまかねばならないということになる。正直それでは、センサーやクラウドを駆使する意味がまったくない。

イスラエルやヨーロッパでは、当然すべて全自動になっている。センサーが衛星画像などにより、「畑の水分が足りない」とわかれば、即座にクラウド経由で命令が発信され、畑にしかれているドリップ灌漑を通して、自動で水が必要な分だけまかれることになる。もし「肥料が足りない。窒素不足になりそうだ」とわかれば、自動でドリップ・ファーティゲイションが作動し、必要な場所に、必要な量だけ液肥を散布してくれる。

このように、現代のスマート農業や精密農業（precision agriculture）と呼ばれるものは、すべてドリップ・ファーティゲイションを通してアクションを起こすようになっている。つまり、いくら農場にセンサーを張り巡らせたとしても、肝心のドリップ・ファーティゲイション装置が設置されていなければ、ほぼ無意味ということになる。

第5章「近未来の農業の形」で解説しているが、これから先は、このクラウド農業がさらに進化していくことが見込まれる。おそらく10年もたたないうちに、ＡＩ農業が当たり前になっていくことだろう。そうなると、すべては全自動になり、ビッグデータを用いて、人間の勘を超えた精密さが要求されるようになってくる。そのときも、やはり一番の基礎となるのは、ドリップ・ファーティゲイションの設備だと予想される。そういった最先端の農業に追いつき、追い越していくためにも、日本の露地にも、ドリップ・ファーティゲイションを広く普及させる必要がある。それが、雨の多い日本においても、ドリップが必要となる二つ目の理由だ。

5 「土づくり」よりも大事なこと

ここまで読んでもらうとわかるように、イスラエル農業には、基本的に「土づくり」という考え方が存在していない。日本では、農業と言えば、素人であってもまず「土づくり」という言葉を口にしてくるが、イスラエルでは、そのような言葉を聞いたことがない。というのも、前述したように、イスラエルのように暑い地域では、そもそも土づくりが不可能だからだ。地球規模で見ると、土づくりができるのは、日本のように雨が多く、ほどよい暖かさの地域に限られている。

なので、イスラエルでは「土づくりをしない農業」が発達することになった。もちろんイスラエルでも堆肥はつくられているし、積極的に畑に入れられている。でも、それによって土づくりをしていこうという発想はおそらくない。イスラエル農業では、おそらく土というのは、なんというか作物が育つための足場ぐらいにしか認識されていない。栄養分や水は、ドリップ・ファーティゲイションにより毎日少量ずつ与えるので、土には栄養がまったくなくてもかまわない。なんなら、土そのものがなくたってかまわない。

その証拠に、イスラエルでは、土そのものを使わない農業が高度に発達してきた。とくにハウスでの栽培は、もはや土を使わない農法が主流となっている。土の代わりに、袋に詰めたココピート（ココナッツの殻の繊維）や石綿などを使ったりしている（図3-9）。

このような「土づくりをしない農業」というのは、多くの日本人の目には、邪道と映ることだろう。確かにそれが正しい農業なのか、と問われると、正直よくわからない。しかし重要なことは、いいか悪いかは別にして、世界では「土づくりをしない農業」というものが高度に発達してきたという事実だ。そして土の代わりにココピートなどを使う農法は、たとえば雑草が生えない点や、栄養のコントロールがしやすい点、あるいは「アクのないホウレンソウ」が作れるといった点など、数多くのメリットがある。将来的にも大いに発達していく分野と予想される。

図 3-9　イスラエルの土を使わない農業。袋に入ったココピート（ココナッツのヤシ殻繊維）を使っている。（著者撮影）

6　イスラエル農業の特徴。飽くなき収量の探求

ある農業雑誌の中で、元カルビー株式会社社長の松尾雅彦氏が、どのような苦労を経てポテトチップスを世に送り出したか、という記事を読んだ。ポテトチップスは、今では国民の代表的なお菓子の一つとなっていて、千億円規模の事業になっているが、1970年代に初めて発売したときには、まったく売れなかったという。そこで松尾氏らは、当時の日本では誰もしていなかった革命を次々と仕掛けていくことになる。

まずは当時のスナック菓子には「鮮度を大切にする」という発想がなく、加工品なのだから、多少古くても問題ない、という考え方が主流だった。しかし、アメリカでは鮮度が一番大切にされているということを目の当たりにした松尾氏らは、日本で初めてポテトチップスに製造年月日と賞味期限を明記するようにした。それによって鮮度を保証するとともに、古い在庫を一切抱えないような生産ラインを作り上げた。

また商品の鮮度というものは、最終的にはジャガイモの品質に行き着くので、鹿児島から北海道まで、ジャガイモの農家との契約栽培を徹底していった。そのとき、品質改善を

がんばっている農家には、取引価格を引き上げるなどのインセンティブを積極的につくっていった。2000年代に入ると、トレーサビリティ・システムを確立し、バーコード管理により、そのポテトチップスがどこの農場で作られ、どのコンテナに入り、どの工場で製造されたか瞬時にわかるようにした。

このようにして、松尾氏はカルビー社内のみならず、日本農業全体の仕組みを変えていくような大改革を推進していったのだが、その原動力となったのは、二度のアメリカ訪問で受けたショックだったという。1960年から70年代のアメリカには、当時の日本には存在していないポテトチップス生産の仕組みや、契約農家と会社をつなぐシステムがしっかりとできあがっていて、おそらく松尾氏は、そこに日本が進むべき未来を見つけたのだろう。

スケールの大きさで松尾氏のエピソードに到底およばないが、今イスラエルの農場を初めて訪問する日本人は、やはり同じようなショックを受けるのではないだろうか。それほどまでに、日本とイスラエルの農業は違う。何が違うかというと、まず農地の風景そのものが全然違う。

図3－10は、イスラエルでのトマト栽培の風景だが、トマトの実が宝石のように輝いている。最近では、日本でもこのような栽培法をする先進農家も現れてきたが、まだまだ少

ないだろう。イスラエルでは、これが一般的だ。種類も豊富で、黒いトマトや、ゼブラと呼ばれる縞模様のトマトもある。日本ではトマトは1個ずつ収穫されることが多いが、イスラエルでは、ヨーロッパ人の好みに合わせてクラスターと呼ばれる房（実が6個ぐらい連なった茎ごと）の状態で収穫されることが多い（図3－11）。それは洗練された印象を与えるだけでなく、実は1個ずつ収穫するよりも栽培が難しい。

とくにイスラエルのトマトで何がすごいかというと、1本のトマト株を8ｍまで伸ばすという栽培法だ。日本では、だいたい2ｍが限界だろう。トマトというのは通常はひもでつるして栽培するので、2ｍを超えるものは、もはやつるす高さがなくなり、無理になってしまう。もしそれ以上伸ばそうとするときは、日本では一回ひもをほどいて、蛇がとぐろを巻くように茎を下に降ろし、改めて先端部を紐でつるすという方法がとられる。それはたいへんな手間だし、そもそも日本では、だいたい2ｍぐらい育つと枯れてしまう場合が多い。

ところがイスラエルでは、巨大な龍のように、トマトが8ｍまで育っている。そしてそこまで伸ばすための工夫が、随所にされていることに気づく。まず上からつるすひもは、滑車で可動式になっている（図3－12）。つまり、トマトが3ｍ、4ｍと成長していくのに合わせて、いちいち降ろしてとぐろを巻かせる必要はなく、ただひもの先端部を横に数

図 3-10　イスラエルのミニトマト栽培風景（著者撮影）

図 3-11　中玉トマトのクラスター（房）単位での収穫

メートルスライドしていくと、自然とトマトの茎も斜めに何メートルでも伸ばせるような仕組みになっている。そのとき放っておけば、トマトの古い茎は地面を這う形になってしまうので、病気になりやすい。それを防ぐために、茎を地面から少し浮かせるための台がしっかりと用意されていた（図3－13）。写真からもわかるように、古い葉は積極的に切り落とされ、風通しが保たれている。もちろん根元にはドリップチューブがしかれていて、栄養と水分は完全にコントロールされている。

なぜイスラエルでは、トマトを8ｍまで伸ばそうとするのか。その理由は、もちろん収量のためだ。1haあたりの収量をいかに伸ばせるか、イスラエルの農家は、全員がそのことを真剣に探求している。そこが、日本との根本的な違いだろう。日本では、トマトと言えば「水をあげるな」「水ストレスを与えて濃いトマトを作れ」が常識となっている。しかし、イスラエルやヨーロッパでは、日本のように「トマトに水をあげてはいけない」という発想はない。毎日決まった時間にドリップ・ファーティゲイションで水と栄養を与えている。水ストレスをあえて与えることもあるが、そのときも、ドリップによりきちんと計算された方法で、ストレスを与えている。理由は単純で、その方が収量がずっと上がるからだ。確かに、日本式に水を切らした方が、トマトの味は若干濃くなるかもしれない。でも、明らかに収量は落ちる。実際のところ、味も食べてみてそれほどはっきりとした差

図 3-12　イスラエルでのトマト誘引の方法（著者撮影）

図 3-13　トマトの茎を地面から浮かせるための金属枠（著者撮影）

があるわけではない。イスラエル式のトマトも十分においしい。もしあなたが経営者だとしたら、どちらを選ぶだろうか。多少味は濃いけど、収量が少ない日本式か、あるいは8mまで伸びて、たくさん収穫できるイスラエル式か。

パプリカについては、図3-14のような栽培法をしていた。もしかすると、日本でもこのような栽培法をしている先進農家もいるのかもしれないが、私は今まで見たことはない。日本では、ピーマンやパプリカを栽培する場合、4本仕立てに枝を切りそろえ、地面に支柱をV字に刺して、それで枝を支えるという手法が一般的だ。ハウスの場合は、上からひもをつるして、トマトのように上へ導く場合もあるだろう。それに対してイスラエルでは、写真のように四角い枠の中にパプリカ全体を閉じ込めていた。そうすることで、パプリカはぎゅうぎゅうの高密度な状態のまま、上へ上へと成長していくことになる。結果的に1haあたりの収量を伸ばすことができるという仕組みだ。実際、赤や黄色のパプリカが、その金属枠からはみ出すように、鈴なりになっていた（図3-15）。

ナスも日本とは栽培法が違う。日本では、ナスは3本仕立てに整枝して、支柱やひもでV字に誘引するのが基本になっている。イスラエルも同じように3本仕立てにしていたが、誘因の仕方が違っていた。ひもを枝に巻き付けて、ちょうどトマトを誘引するように、ナスを上へ上へと誘引していた（図3-16）。日本でも、このような栽培法をしている人が

図 3-14　パプリカの栽培風景（著者撮影）

図 3-15　パプリカの実（著者撮影）

いるのは知っているが、多くはないだろう。まっすぐ上に誘引することで、栽培のスペースを有効に使い、狭いハウスの中で最大の収量を実現できるように工夫されていた。

露地については、ナスの品種によるのだろうが、支柱もひももまったく使っておらず、一切の誘引をしていない手法が多かった。というのも、日本の品種とは違い、ずいぶんと茎が軟弱で、カボチャのように地面を這わせる形で栽培していた。一見すると、粗雑な栽培法をしている印象だったが、葉の陰からナスの実を取り出してもらうと、驚くほど巨大だった。もちろんナスの大きさは品種によるところが大きく、日本では昔ながらの小さなナスが好まれるので、このような巨大なナスを売り出しても、なかなか消費者に受け入れてもらえない可能性は高い。しかし、常に「収量を最大に」というイスラエルの姿勢は、ナスでも同じであった。

トウモロコシの栽培風景はこんな感じだ。これは飼料用・加工用のトウモロコシなので、日本のスイートコーンとは若干育て方が異なってくる（図3-17）。それでも日本との収量の差は、写真からも歴然としているだろう。秘密は、その植栽密度だ。日本の場合、トウモロコシはだいたい株間27〜30cmで植えるのが一般的だ。それに対し、イスラエルでは株間15cmだった。それだけぎちぎちに育てられている。しかも露地の場合、道というものが見当たらない。100m×100mほどのトウモロコシ畑があったとき、その中に道と

図 3-16　ハウスでのナスの栽培（著者撮影）

いうものがまったく作られておらず、空間すべてがトウモロコシで埋め尽くされていた。すべて機械で作業するので、わざわざ人が歩くための道を用意する必要がないのだろう。それほどまでに収量が追求されている。

このように、すべての作物において、まずは何をおいても「1haあたりの収量の向上」が常に第一目的となっている。そこが日本とイスラエルの決定的な違いだろう。一言で言ってしまうと、イスラエルの農家が経営者なのに対し、日本の農家は職人ということになるだろう。日本の場合、農家の全員が「いかにおいしくできるか」を探求している。そのため、確かに味は世界一と言ってもよいレベルになっている。しかし、「いかに利益を上げるか」をイスラエルのように真剣に探求している農家がどれだけいるだろうか。そもそも、きちんとマーケットを見て、消費者が何を求めているかを知った上で、栽培する作物を決めている農家がどれだけいるのだろうか。「うちはじいさんの代からショウガを育ててきたから、今年もショウガをする」という感じで栽培作物を決めている人は少なくないだろう。他の業界でそのようにマーケットを見ない生産をしていたとしたら、すぐに売り上げが落ち、倒産してしまうはずだ。

イスラエルの農家と話すと、常にマーケットの話が出てくる。「スペインでは今これが求められているから」とか「ヨーロッパの冬に作れないものを、あえてここで作るように

図 3-17　トウモロコシの栽培（著者撮影）

苗は 15 cm 間隔でぎっちり

している」とか、必ず自分がなぜその作物を作るのかに明確な目的を持っている。そしてマーケットのニーズが変われば、柔軟に自分が栽培する作物も変えてくる。一方日本の農家は、まず自分が作りたいものを作る。そして作り終わった後で、「さて、これをどうやって売ろうか」と考え始める方が多い。

本書では、農業をしっかりとしたビジネスに変えていきましょう、と訴えている。それに対して「農業とはそういうものではない。農業とは、国民の食物をつくる聖なる仕事だ」と考えている人が日本には多いのではないかと感じる。その根底にあるのは、第二次世界大戦から1950年代にかけての深刻な食糧危機だったのではないかと思う。その間の食糧管理制度の中で、「苦労しておコメを作ってくれている農家に感謝して食べよう」という考え方が広く普及していったのではないだろうか。あるいは、もしかすると江戸時代の士農工商の時代にまで遡るのかもしれない。年貢として納められたコメに対し、「農家に感謝しなくては」となっていたのかもしれない。いずれにしても、その風潮は今でも続いている。そこに経営という発想はなく、農家の方々は、みんなが嫌がる泥仕事を引き受けてくれている、という思想がある。

かつては、そういう業界が農業の他にもたくさんあった。たとえば病院の医師とか、歯科医、福祉の世界で働く方々、大学の先生といった職業は、「利益の探求とは無縁の聖職」

といったイメージがあったかもしれない。だから、日本ではみんな病院で診察してもらうと、お医者さんにお礼を言う。農家の方々にお礼を言う発想ときっと同じだろう。しかし、そんな聖職と呼ばれる業界も、近年ことごとく「経営」をしなくては、生き残れない時代になってきた。

病院も福祉も大学も、今はすべてサービス業に変わっている。しっかり営業努力をして、お客様を集めない限り生き残ることはできない。お客さんの来ない歯医者は潰れていくだろうし、受験生が集まらない大学もまた潰れていくしかない。いいか悪いかは別にして、現実はそういう時代になってしまっている。そして次は、農業が変わらねばならない順番が来たのだ。これまでの農業は、頑固な職人として味を探求していれば、それで十分だった。きちんと食べていくことができた。その理由は、前の章で見てきたように、農家たちは膨大な補助金で保護されてきたからだ。鎖国と農業補助金によってしっかりと守られてきた。だが、今その二つが崩壊しようとしている。日本の農業も、自力で世界と戦っていかねばならない時代がすぐそこまで来ている。そうなったとき、日本の農業界にも「経営」と「ビジネス」という発想が必須になってくるだろう。

イスラエル農業は、建国のときから「ビジネス」として始まっている。初めてイスラエルの農地を訪問する人は、日本との違いに驚かされると同時に、日本が学ばなくてはならないものがここにある、と感じるのではないだろうか。

7　IoTクラウド農業の時代

ドリップ灌漑を中心に、イスラエルの栽培法の解説をしてきたが、実際のところ、イスラエル農業はさらに先へと進んでいる。今のイスラエルは、クラウド農業の時代だ。そして10年後ぐらいには、AI（人工知能）農業に変わっていると予想される。

クラウド農業とはどのようなものかというと、図3-18のような仕組みになっている。これまでの時代は、農家は毎日畑に行って、作物を見て、土にさわり、においをかぎ、いつ水をまくべきか、いつ肥料を足すべきか、いつ除草をするべきか、いつ薬をまくべきかを長年の勘で判断してきた。それはとても大切なことで、農家自身は、確かに毎日畑に行かなければ、一人前の農業者になることはできないだろう。

しかし、一方でテクノロジーは進歩した。農家の長年の勘でもわからないことも、センサーを使えば、精密に把握できるようになってきた。それほどまでにセンサーの技術は進歩しており、さらには現場で使えるほどに安価になってきた。実用化されているのは、土

図 3-18　クラウド農業の概念図

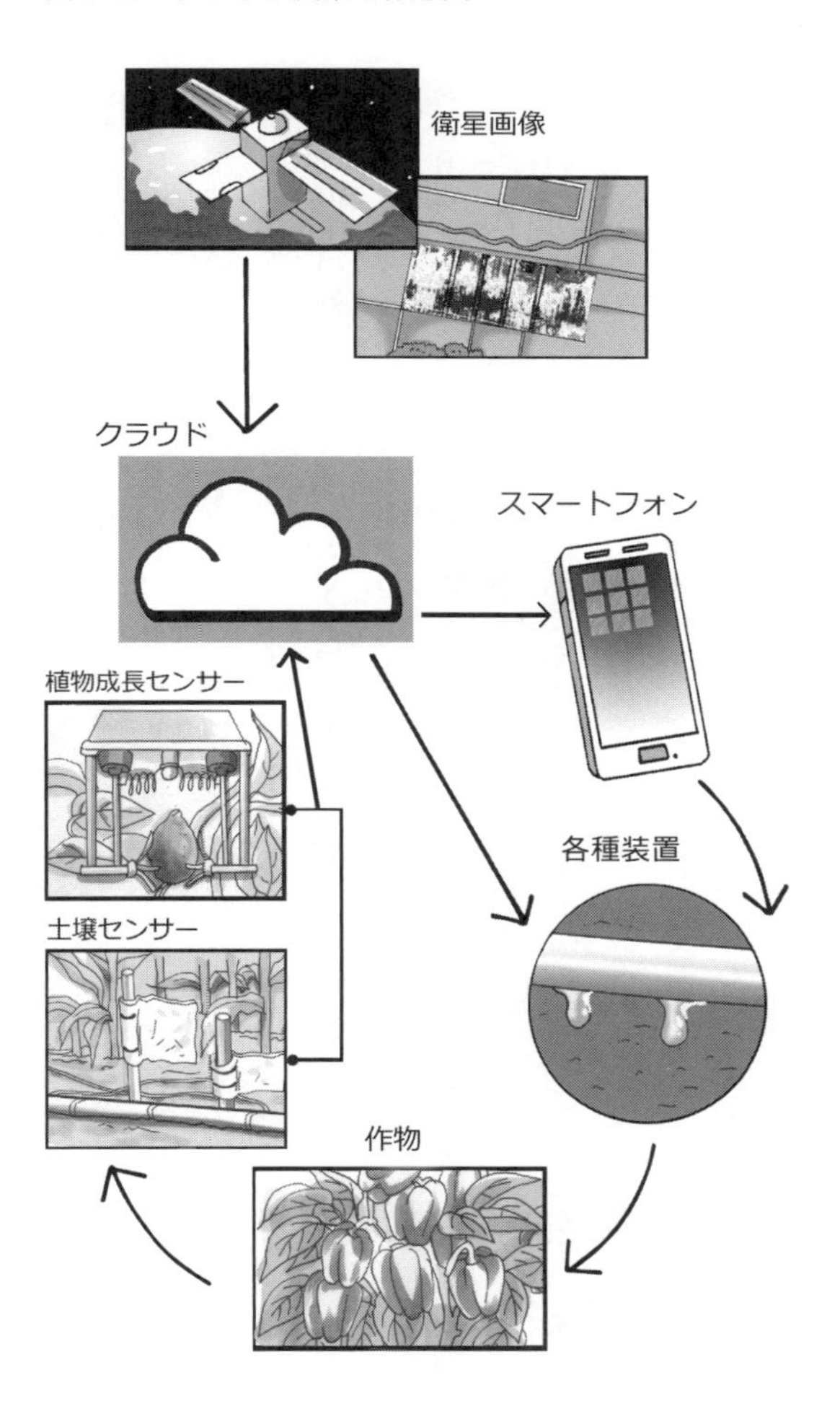

壌センサーと気象センサーで、土壌センサーは、土壌の温度、水分量、pH、ECを分単位でリアルタイムに計測してくれる（図3－19）。気象センサーは気温、湿度、照度、降水量、風速などをやはり分刻みで計測してくれる（図3－20）。さらにすごいのは、日本ではまだまったく使われていないが、植物成長量センサーだ（図3－21・22）。植物生長センサーとは、植物に直接取りつけるセンサーで、植物が今どれだけ生長しているか、それをミクロン単位で精密に計測してくれる。つまり、ミカンの実が今日何ミクロン大きくなったか、リンゴの木の幹が何ミクロン太くなったか、そういったことを計ってくれる。しかも、それをリアルタイムにスマートフォンで見ることができる（図3－23）。

おそらく日本人の多くは、こういったセンサーの話を聞いても、その意味がよくわからず、「センサーなんて本当に農業に必要なの？」と思ってしまうことだろう。確かに、今はその本当のすごさがわかりにくい段階にある。だが、第5章で紹介しているが、近未来、AI農業が登場したときに、このセンサーの真の価値が存分に発揮されることになる。とくに日本に存在していない植物生長量センサーは、農業に大きな革命をもたらすことになる。そのあたりについては、第5章で詳しく解説するので、ここでは現時点のクラウド農業の解説に戻ろう。

クラウド農業では、まず農場に各種センサーを設置することがスタートとなる。センサ

図 3-19　土壌センサーの一例（テンシオメーター）（著者撮影）

図 3-20　気象センサー（著者撮影）

図3-21　植物生長量センサー（果実の肥大を計る）（著者撮影）

ーは分刻みで詳細なデータを計測し、そのデータはインターネットを通してクラウドに蓄積される。そしてクラウド上で、あらかじめ準備されたプログラム（アルゴリズム）によって解析され、瞬時に答えが導き出される。いつ水をあげるべきか、いつ追肥をするべきか、どのような種類の肥料を与えたらよいか、除草はいつした方がいいか、殺虫剤はいつまいた方がいいか、などの答えが自動的に導き出され、それがまたインターネットを通して各種装置（アクチュエイター）に命令される。ドリップ灌漑のスイッチオン・オフ、ドリップ・ファーティゲイションのオン・オフは自動で管理され、必要なときに必要な量だけが作物に供給されることになる。ビニールハウスであれば、屋根の開閉、屋根への散水、二酸化炭素量の調整、空調ファンの調整、温度調整などもすべて全自動でされる。もし異常事態が発生したら、即座にあなたのスマートフォンに警告が送られる。

図 3-22　植物生長量センサー（幹の肥大を計る）（著者撮影）

図 3-23　植物生長量センサーの値をスマートフォンで見る
（著者撮影）

さらには、センサーデータだけでなく、衛星画像も広く使われている。衛星画像を使えば、農地のどこのエリアが今水分不足になっていて、逆にどこのエリアが水分過多になっているかなどがわかるようになる。事前にアルゴリズムをしっかり作っておけば、水分情報の他にも、どこのエリアで病虫害が発生しそうかとか、どこが窒素不足になっていて、どこが窒素過多になっているか、などもわかるようになる。それに加えて天気予報のデータや蒸発散量の予測データなどもすべてクラウド上で一元的に管理することができる。このように、センサーによるミクロデータと、衛星画像によるマクロデータおよび天気予測を融合することで、広域なエリアを精密に栽培管理できるようになっている。

また栽培の経験はすべてデータとして蓄積されていくので、クラウドはその経験からも答えを導き出し、「今年はこのような栽培法をした方がいい」とか「その作物にはこういう施肥をした方がいい」とか提案もしてくれるようになる。

このような農業が、今のイスラエル農業の形だ。どう感じるであろうか。おそらく「そんなセンサーや画像データなんていうものは当てにならない。何十年もかけて培った匠の勘の方が上だ」と反論してくる方も少なくないだろう。確かにその通りだと思う。現段階で「センサーテクノロジー」と「匠の勘」を比べてみたら、匠の勘の方が上ではないかと感じる。しかし、あらためて図2-2(105ページ参照)を見ていただきたい。トウモロコシの収量の変化を表したグラフだが、ここにイスラエルと日本の違いが如実に表れているのがわかるだろうか。

匠の技による日本の農業は確かに素晴らしいかもしれない。でも、匠というものは、往々にして冒険をしない。一度「こうしたらうまくいく」という栽培法が完成したとしたら、それを変えようとはなかなかしないものだ。それが、図２－２から図２－６の水平な線に表れている。日本農業は、良くも悪くも冒険をしない。10年前も今も、そして10年後もまったく同じ栽培法をしようとする。実際トウモロコシの育て方は、１９６０年代も今もたいして変わりはないだろう。収量もまったく変わっていない。

それに対しイスラエルは、常に新しいことにチャレンジし続けている。常に前例を壊し、新しい挑戦をしていく。イスラエルの１９６０年代のトウモロコシ栽培と、今の栽培法では、もうまるで違った形になっている。そういうチャレンジにリスクはつきもので、うまくいくときもあれば、失敗するときもある。それが図２－２のギザギザの波形となってよく表れている。

長い目で見たとき、生き残るのはどちらだろうか。日本では匠の業ばかりが賞賛される風潮が強いが、チャレンジし続ける大切さについても、思い出す時期に来ているのではないだろうか。

8 ビジネスとして必要な経営規模

イスラエルの農地を見て、日本人がまず抱く感想は、「広い」ということではないかと思う。とくに露地栽培では、はるか先まで延々と続く小麦畑や綿花畑の広さに圧倒される(図3-24)。そう、イスラエルという国は、国土面積は日本の四国ほどしかないが、農地の経営面積はとても大きいことが特徴となっている。

第1章で日本の農家1戸あたりの耕地面積は2・98haなのに対し、イギリス90ha、フランス61ha、アメリカ180ha、オーストラリア4200haとけたが違っているという話をしたが、当然イスラエルはどれくらいの耕地面積なのかということは気になる。そう思って統計資料をあさってみたのだが、奇妙なことにイスラエルについてだけは、1戸あたりの耕地面積の数値をどうしても見つけることができなかった。それもそのはずで、どうもイスラエルという国は、農家の数と、その経営面積について統計資料を発表することをやめたということがわかった。

なぜ農家の数と経営面積を公開しないのか、その理由はよくわからない。軍事的な理由

図3-24　はるか地平線にまで続くイスラエルの農場（著者撮影）

が大きいのかもしれないが、それとは別に、確かにイスラエルでは「1戸あたりの耕地面積」という日本式の概念を当てはめにくい農業であることは間違いない。というのも、日本では1947年の農地改革以降、農地の地主と実際の耕作者が一致するようになった。つまり、農地を所有している農家が、自分の農地を使って農業をする、という構図が当たり前になった。近年、日本では農家の高齢化が進んだため、もはや自分で耕すことができなくなり、近所の若い農家が地域一帯のコメを管理する、という現象が増えてきたが、それでもやはり、「農家1戸あたりの耕地面積」というのは計算しやすい。

一方、イスラエルはというと、キブツと

かモシャブと呼ばれる営農体系が多い。それは日本には存在しない営農方式で、イメージとしては、旧ソ連の集団農場（コルホーズ）を思い浮かべてもらえば、似ているかもしれない。そこでは、みんなで共同生活をし、みんなで一緒に農業をする。基本的にはみんなの身分は平等であり、それぞれに自分の役割を持っている。多くの者は農作業をするが、それ以外にも食堂で働いたり、コミュニティ内の幼稚園で働いたり、工場で働いたりもする。そういう形態の生活スタイルだ。社会主義的な営農形態と言っていいだろう。

食事はみんなで大きな食堂に集まり食べ、個人的な財産というものは持たないのが原則とされている。ただ時代の変化に対応して、現在では多くのキブツが個人財産の所有を認め、また仕事も、当初は農業が中心であったが、今はダイアモンドカットの工場や、ドリップ灌漑部品を製造する工場など、かなり多様化している。それでも、そこに暮らす人々の価値観は、昔ながらの共同生活に根ざしているという。

このような特殊な営農形態がイスラエルには存在しているので、日本的な「1戸あたりの耕地面積」という概念は当てはめにくいのかもしれない。ただイスラエルもかつては統計を公開していて、最後の農業センサスデータはどうやら1981年のようだ。その後、いくつかの論文がそのデータを用いて「農家1戸あたりの耕地面積」を計算している（1995年が最後）が、やはりそれらはデータとして古すぎる。世界の農家の減少と、それにともなう農地面積の増大は急速で、10年もたてば、1戸あたりの耕地面積は2倍にも3倍にもなっている状況にある。

とりあえず目安として、著者らが2015年から2018年にかけて訪問した農地の例をいくつか示す。たとえばクラウド農法の実例を視察するために訪問した農地は、キブツの中にあった。そのキブツは、アヴォカドの栽培を主としており、ヨーロッパを中心に輸出しているようだった。そのキブツの経営面積は、100haとのことだった。

別の訪問先は、キブツとは少し違うが、やはり同じ集団営農のモシャブと呼ばれるコミュニティだった。そこではバジル、オクラ、ミント、レタスなどの葉物野菜を中心に栽培しており、販売先はやはりヨーロッパだった。ただレタスやバジルをそのまま輸出するのではなく、切って、ブレンドして、フレッシュ・カットと呼ばれるサラダに加工していた。日本でいうベビーリーフにあたるだろう。使う野菜の中身は、ヨーロッパマーケットのニーズに合わせて、柔軟に変えているようであった。その耕地面積は、100haだった。

別のモシャブは、新品種の開発に特化されていて、外部から虫や菌が一切入らないように設計されたネットハウス（ビニールハウスではなく、防虫ネットによって作られたハウス）の中で、トマトやパプリカを精密に栽培していた。そこはすべてハウスだったが、そのハウスエリアだけで4haあった。

別の300人が住んでいるキブツは、トウモロコシ、アヴォカド、スイカの種などの他に、鶏を飼い、綿花とピーナッツを中国、インドに大量に輸出していた。そこの経営面積は、400haとのことだった。別のキブツでは、3000ha規模というものもあった。ジョジョバ（ホホバ）、ニンジン、ジャガイモ、ヒヨコ豆、タマネギなどを栽培し、鶏を飼っていた。

このように、イスラエルでは100ha以上の規模で経営されている農地が、そこかしこにあった。とくに初めて見たとき驚かされたのが、センターピヴォット灌漑と呼ばれる巨大なスプリンクラーを目にしたときだ。センターピヴォットとは、長さ500m〜1000mもある巨大な腕を持ったスプリンクラーで、その腕が、一点を中心に巨大な円を描いて散水する（図3-25）。その結果、砂漠の中に円形の緑が出現することになる。こんな動く橋のような巨大機械は、日本にはおそらく1台も存在していないだろう。別にそのような巨大機械を使った方がいいと言っているわけではないのだが、とにかくイスラエルの農地はそれを使えるほどに大きい。国の面積は、日本の四国ほどしかないのに、一つ一つの農地面積は、日本の100倍も200倍もある。広ければいいという話ではもちろんないが、やはり世界の競争で生き残っていくためには、それなりの経営規模というものが必要で、おそらく日本の農地はまだまだ狭すぎるだろう。つまり新聞などの報道とは裏腹

図 3-25　巨大な腕を持つスプリンクラー

に、日本の農家の数はもっともっと減る必要がある。

9　研究機関と農家の密な連携

もう一つ、イスラエル農業の特徴として忘れてはいけないのが、研究機関と農家の密な連携だ。イスラエルは、前に紹介したように、砂漠も含むたいへん厳しい環境だったため、従来の農法では作物を育てることがおよそ不可能だった。その不可能を可能にするためには、研究者と農家がしっかりと連携することが不可欠だった。

著者らが現地で見た限りでも、農家と研究機関そして企業が有機的に結びついていることがよくわかった。たとえば農家が栽培に関して困ったことがあると、研究機関に相談する。研究機関は、その問題について試験を行い、データをとる。データはインターネット上に公開され、農家たちはそのデータを読み解き、栽培技術を向上させる。もしまだ解決できない問題があれば、やはり研究機関と連携して試験を重ねていく。その過程で新商品の開発が必要になってくれば、企業も入って開発を行っていく。そんな仕組みが、イスラエルでは当たり前にできていた。

日本も、様々な国の研究機関、都道府県の試験場、普及指導員、大学の農学部といった具合に、多種多様な農業組織が存在し、仕組みの上では、すでにイスラエルと同等レベルに整備されているように見える。しかし、実際に現場に入ってみると、イスラエルほどにみんなが有機的に繋がってはいない、という印象を拭うことができない。

イスラエルと日本で大きく異なっている点は、まずイスラエルの農家は、論文のデータをしっかり読み解くだけの力と意思を持っているという点。さらに研究者も、栽培の技術面のみならず、経営戦略やマーケットのニーズなどにも精通しており、農家と総合的にビジネスを話し合うことができるようになっていた。

このあたりの農家、研究者、政府、企業、消費者の連携についても、日本がイスラエルから学ぶべきことは多いように思われる。

第4章 イスラエル式農業の日本への応用実験

1 ドリップ灌漑による露地ピーマン栽培、その意義

第3章でイスラエル農業とはどのようなものかについて紹介したが、はたしてそれを日本の農地で使うことはできるのだろうか。きちんと効果はあがるのだろうか。

その疑問に答えるための実験を、2015年から拓殖大学の農場で行っている。実験結果の一部については、すでに日本農作業学会の学会誌『農作業研究』に掲載されているので、詳しく知りたい方は、そちらを検索していただきたい。

ここでは、小難しい専門用語を極力使わずに、実際にイスラエル式農業を日本で試して

みたらどういう結果が出たか、それを解説してみたい。イスラエル農業は、すでに紹介したように、今やセンサーや衛星画像を駆使したクラウド農業の時代に入っている。しかし、この実験では、まず初歩的なステップから、すなわち「ドリップ灌漑を日本に導入するとどうなるか?」という段階から始めることになった。というのも、日本には、ドリップ灌漑というものがまったく普及していないからだ。第3章で述べたように、日本では全灌漑地のたった2%にしかドリップ灌漑が入っていない。しかも、その2%のほぼすべてはグリーンハウス(ビニールハウス)の中に設置されていて、露地での事例となると、果樹や茶でほんの少し見られるが、ほぼ普及率ゼロと言っていい状態にある。

そのため、ドリップ灌漑を使った学術研究もほとんどされていない。それでも、報告が少ないなりにも、これまでお茶やミカン、白菜、ピーマンなどで、露地ドリップ灌漑の実験が行われてきた。ところが、それらの実験で「収量増加」を目的としたものは、実は一つもないことに驚かされる。

私たちが行った実験では、「収量をいかに増やせるか」を目的としている。その意味は、ここまで一緒に考えてきた読者のみなさんは十分に理解できていることだろう。日本農業が抱えている一番の問題は、1haあたりの収量が低いこと、そしてそれによって農産物の価格が高くなり、国際競争力を失ってしまっていることだ。その収量の問題に正面から取り組まない限り、日本農業に未来はない。

にもかかわらず、これまでの露地ドリップ灌漑に関する研究では、「収量増加」を目的とした実験は一つも存在していなかった。日本中探しても、一つもない。それだけ、日本全体が「1haあたり収量」というものを気にしていなかったことがわかるだろう。それまでの研究は、どれも「農家の高齢化を助けるために、ドリップによりいかに作業を軽減できるか」とか「環境を守るために、ドリップによっていかに農地からの窒素流出を減らせるか」といったものばかりであった。ドリップによって積極的に収量を増加させようという視点は、まったく存在していない。つまり、私たちが拓殖大学農園で行った実験が、「イスラエル式ドリップで本当に収量を上げることができるか」を日本で検証した初めての事例ということになる。

ところで、研究はともかく、なぜプロ農家の現場でも、ドリップ灌漑はまったく普及していないのか、その理由がわかるだろうか?

その答えは単純で、日本には雨がたくさん降るからだ。こんな降雨に恵まれた国は、世界を探してもそう多くはない。たとえばモンスーン地帯と呼ばれるアジアの国々も、1年間に降る雨の量は日本よりもずっと多かったりするが、たいていは雨季と乾季がはっきり分かれている。つまり、乾季は雨がまったく降らないので、灌漑をしない限り、農業は不可能ということになる。ところが、日本は1年を通して十分な雨が降ってくれる。

この十分な降雨というのは、たいへん恵まれたことであり、見方を変えると、同時に不幸でもあった。というのも、イスラエルを見てもらうとわかるが、イスラエルでは作物が育つのに必要なだけの雨が、1年を通して降らない。そのため、通常の農業は不可能だった。第二次世界大戦後にイスラエルが建国したとき、イスラエルは「砂漠の地で農業を始める」と宣言した。世界はそれを嘲笑したが、結果的には、世界一と言っていい農業輸出国に成長している。

そんなすごいことができた理由は、逆説的ではあるが、おそらく自然条件が厳しかったためだろう。雨がほとんど降らず、土も劣悪で、日本のように「土づくり」をしたくても、それが気候的に不可能な状況になっている。その過酷な条件を乗り越えるために、イスラエルは「ドリップ灌漑」を発明し、土を使わないまったく新しい農業を発展させた。過酷な環境だったが故に、創意工夫をするようになったのだ。

それは軍事についても同じで、イスラエルは常に軍事テクノロジーに関して世界最先端を走り続けていることで有名だが、それも四方八方敵に囲まれているという厳しい条件のおかげだろう。置かれている環境が厳しいほど、人は努力を強いられ、成長できる。

日本の工業はそれとよく似ていて、日本には石油をはじめとするエネルギー資源がまったくない。そのハンディキャップがあったが故に、おそらく日本はかつて高度な工業を発達させることができたのだろう。もし中東やロシアのように、日本の地下からたくさん石油が出ていたとしたら、日本の社会や国民性はまったく違ったものになっていたに違いない。こんなに努力を重んじる国にはきっとなっていなかったのではないかと思う。

そう、天然資源がないが故に、日本の工業界は必死になって奮闘してきた。では、日本の農業はどうかというと、その逆で、世界でも1、2を争うほどに恵まれた条件にある。恵まれ過ぎているといってもいいほどだ。まず日本の土はとてもいい。火山灰由来の土が主体で、とても栄養が豊富だ。火山灰にはミネラルが豊富に含まれているので、放っておいても地力はある。日本の土壌は、粘土、シルト、砂の含有割合もちょうどよく、水はけが適度になっている(たとえば熱帯の土はほとんどが粘土のため、水をあげても、土が水をはじき、まったく染みこんでいかない。逆に一度水が染みこむと、今度は水はけが悪く、いつまでもぬかるんでしまう)。日本の土は、水田にも畑にも使うことができる。また雨も1年中降る。時折、夏に日照りが続くと水不足が心配されるが、それ以外は水の心配はまったくないと言っていい(関東では冬にほとんど雨が降らないが、冬は蒸発散が少なく、また霜が降りるので、作物が水不足になる心配はない)。

日本はこれだけ恵まれているが故に、畑地の灌漑というものがまったく発達することがなかった。ドリップ灌漑は、日本にも１９７０年代にすでに紹介されていたが、ほとんど誰も注目することがなかった。「雨がたくさん降る日本には必要ない」、誰もがそう考えてしまったのだ。そして努力をやめた。第２章で見たように、日本は１９７０年代から栽培技術がまったく進歩していない。

第５章で述べるように、世界は今後ＡＩ農業へと急速に進化していくと予想される。それはいい悪いの話ではなく、軍事技術が今や宇宙へと広がってしまったのと同じで、止めようのない変化なのだ。そのようなＡＩ農業に対抗することができなければ、日本の農業は滅びてしまう。それを避けるためにも、日本の露地にドリップ灌漑を設置していくことが重要だと私は考えている。なぜなら、今後のＡＩ農業などは、すべてドリップ装置があるという前提で発展していくものだからだ。

それでも、「未来の農業のために、今のうちからドリップ灌漑を設置しましょう」といっても、もちろんプロ農家たちの心は動かされないだろう。雨が十分に降るというのに、多額の投資をする意味が見えてこないからだ。そのために、今回の実験を行うことになった。

この実験の目的は、「雨が十分に降る日本の露地において、あえてドリップ灌漑を導入することで、収量を上げることができるかどうか」を検証することにあった。収量が上がるならば、売り上げも上がることになる。生産効率が上がるので、作物の単価を下げることも可能になってくる。そうすることで、ようやく海外からの安い農産物と互角に戦えるようになってくる。

このように、ドリップ灌漑の導入により1haあたりの収量を上げることができるのであれば、プロ農家としても、この投資に取り組む意味が出てくるだろう。

2 ピーマン栽培実験の結果

実験は、2016年に拓殖大学八王子国際キャンパス内にある国際学部農園にて行われた。ドリップ灌漑を導入することで、通常の栽培法より収量が増加するかどうか、を検証することが目的だったので、通常の栽培法と比較する実験計画とした。

東京八王子あたりのピーマン栽培法としては、固形肥料にて元肥、追肥を与え、灌漑設備は使用せず、雨のみに頼った手法が一般的だ。それに対してドリップ灌漑では、ドリップチューブを通して水を与えるとともに、それに液体肥料を混ぜて同時に施肥も行う（ドリップ・ファーティゲイション）。その両者の違いをきちんと統計的に検証できるように、

表4-1　ドリップ灌漑実験（ピーマン）の4つの試験区の設定

	液体肥料	固形肥料
ドリップ灌漑あり	① ドリップ灌漑＋液体肥料（ドリップ・ファーティゲイション）	② ドリップ灌漑＋固形肥料
ドリップ灌漑なし（雨のみ）	③ ドリップ灌漑なし＋液体肥料	④ドリップ灌漑なし＋固形肥料

4つの試験区をもうけて、比較を行った。

4つの試験区とは、①ドリップ灌漑あり＋液体肥料区、②ドリップ灌漑あり＋固形肥料区、③ドリップ灌漑なし＋液体肥料区、④ドリップ灌漑なし＋固形肥料区とした（表4－1）。イスラエル式のドリップ・ファーティゲイション区は①で、八王子の従来の栽培法は④ということになる。②と③は、科学的に要因を分析するために必要な試験区だった。各試験区の繰り返し数は5回で、2元配置の分散分析という統計解析を用いた。

ピーマンは、5月13日に畝幅50cm、株間50cm、畝間の通路幅100cmで定植した。全試験区を黒ポリエチレンマルチで被い、ドリップ灌漑をした①②区については、マルチの下にドリップチューブを敷いて、1日4回（8、10、12、16時）灌水した。ピーマンの品種は、〝京まつり〟を使用した。

結果は、ドリップ灌漑を行った試験区が、雨だけの試験区よりも収量が大きくなった（図4－1）。肥料が液体か固体かにかかわらず、ドリップ灌漑をしたことで、収量が増加していた。もっとも収量が小さかった④区と②区を比較してみると、ドリップ灌漑によって1・33倍の収量増になっていた。

その収量を月ごとに詳しく見てみると、もっとも収穫量の多い8月については、ドリップ灌漑をしている区と、雨だけの区との間に差はなかった。それ以外の6、7、9、10月では、ドリップ灌漑をしている区の方が、雨だけの区よりも収穫量が大きくなっていた。とくに9月、10月の差が大きく、ドリップ灌漑によって、秋のピーマン収穫量が増えたことがわかった（図4－2）。

収穫されたピーマンの数についても差が見られ、ドリップ灌漑をした区の方が、雨だけの区よりも多くなっていた。つまり、ドリップ灌漑によって、ピーマン一つ一つの大きさが大きくなったのではなく、収穫できる実の数が増えたことがわかった。

この実験を行った2015年は、とても雨の多い夏だった。8、9月については、2日に1回も雨が降っており、日照りと呼ばれる状態が一度も起きなかった年だった。そのような雨が多い年であっても、ドリップ灌漑により収量がおよそ130％増加することが証明された。雨が少ない年ならば、もっと差が大きくなったことだろう。

図 4-1　ピーマンの収穫量比較

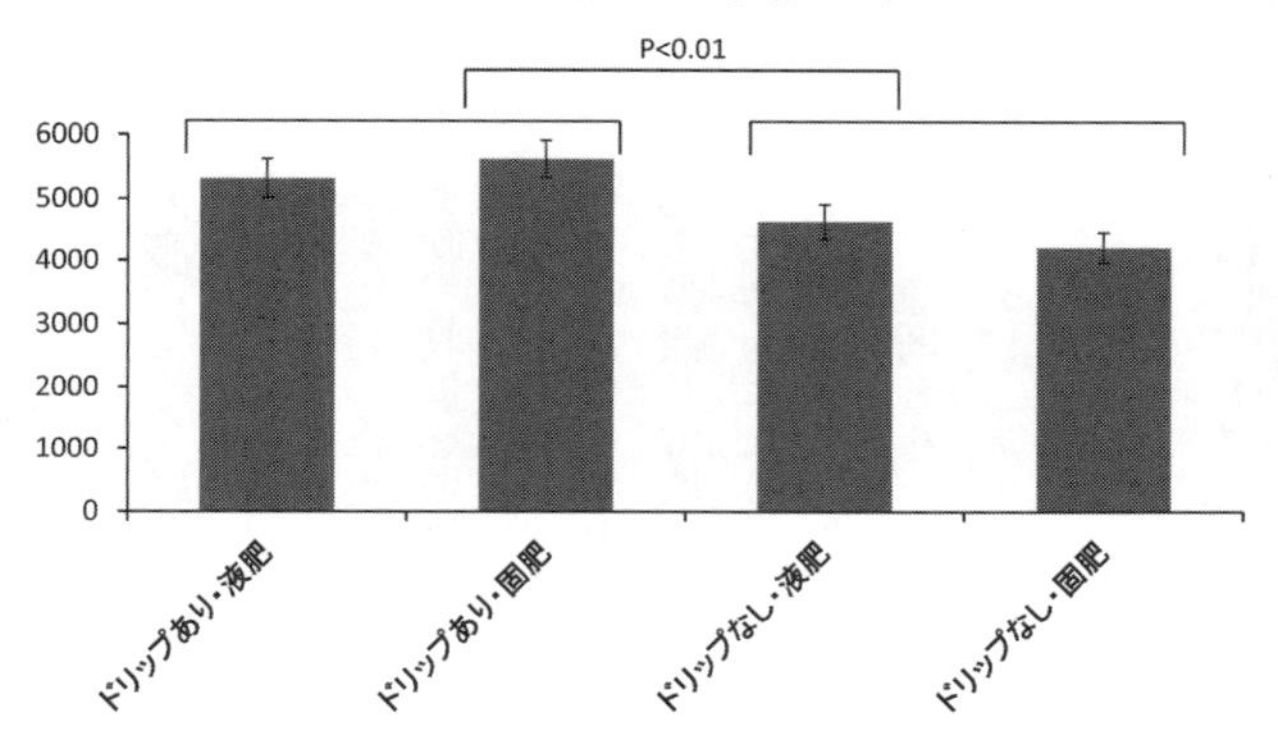

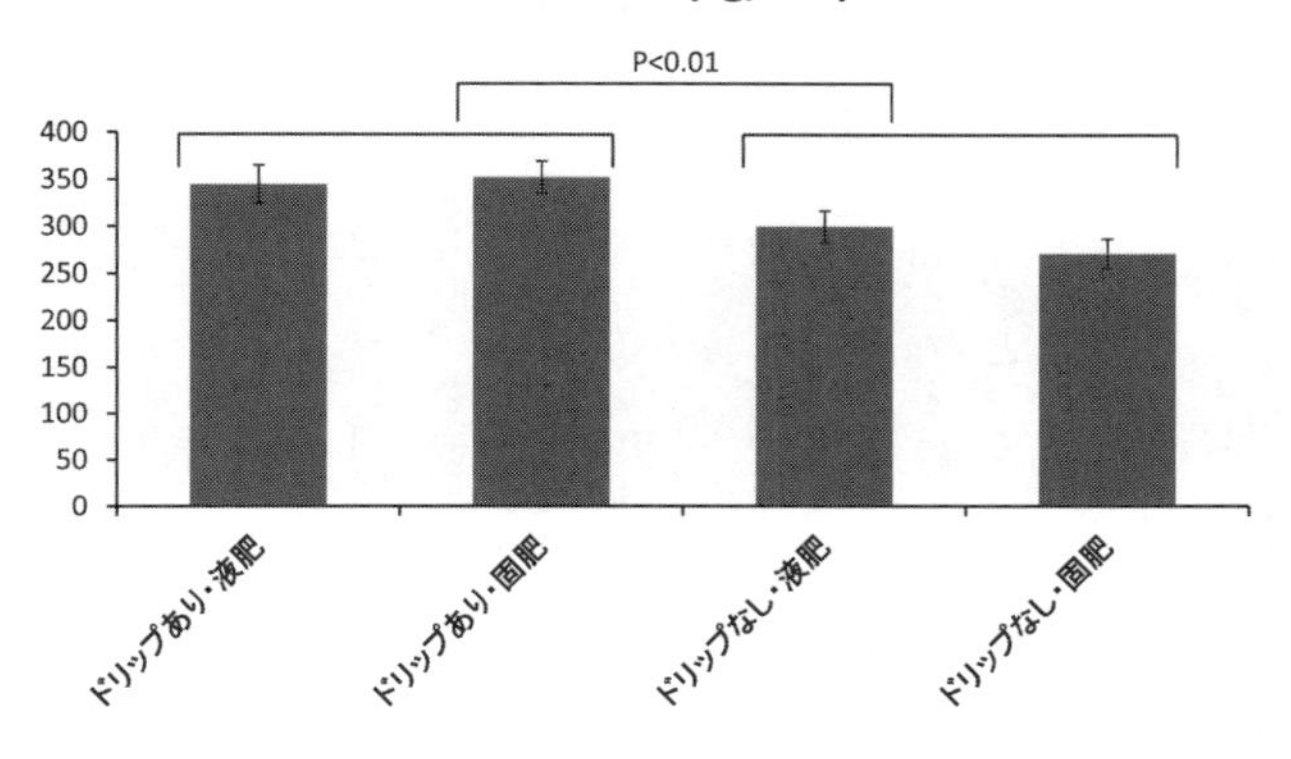

3　ドリップ灌漑による露地トウモロコシ栽培

次にトウモロコシで行った実験をご紹介する。こちらもピーマン同様、ドリップ灌漑を導入することにより、収量を増加させることができるかどうか、を検証した実験だ。こちらも日本農作業学会の学会誌『農作業研究』に投稿しており、現在査読中となっている。この本が出版される頃には、学会誌にも掲載されていることを望んでいる。実験の詳細については、学会誌を参照してほしい。

この実験で特筆すべきことは、トウモロコシの1株4本取りを実現したことだ。第2章で述べたように、日本ではトウモロコシの本数というものは、1株から1本だけしか収穫しないのが通例となっている。もし2本目、3本目がなろうとしても、1本目に栄養を集中させるために、あえて早い段階で2、3本目をもぎとってしまう。しかし、それでは収量は上がらない。収量を上げていかないと、国際競争で戦っていくことはできない。

収量を上げる方法は、トウモロコシの場合は主に2通りある。一つは、植栽密度を上げ

図4-2　ピーマンの月毎収穫量比較

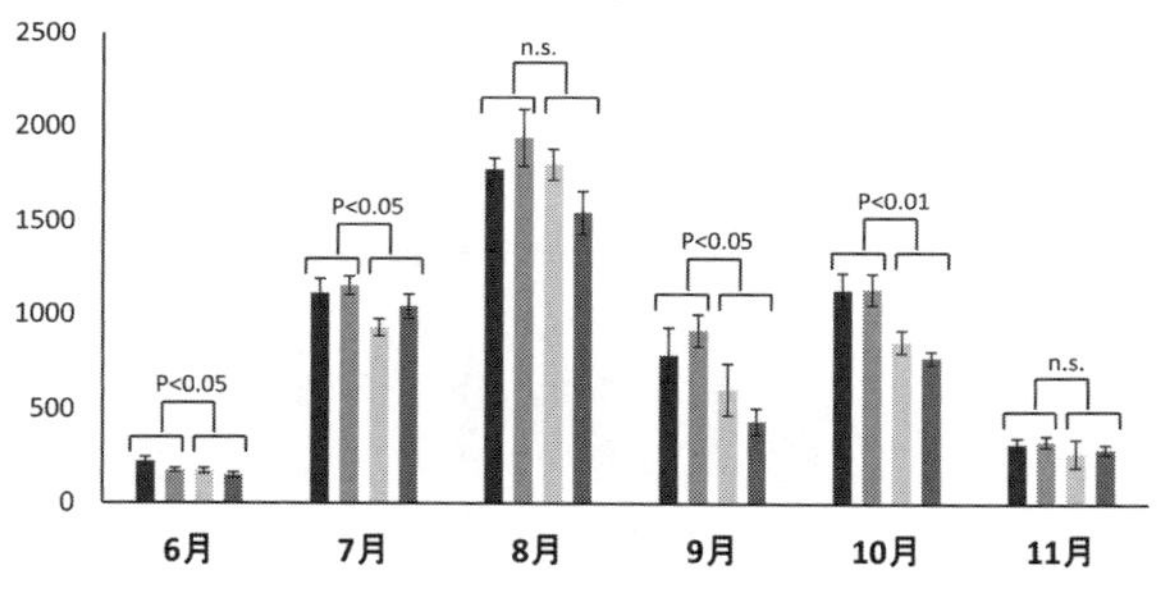

乾重量(kg/10a)

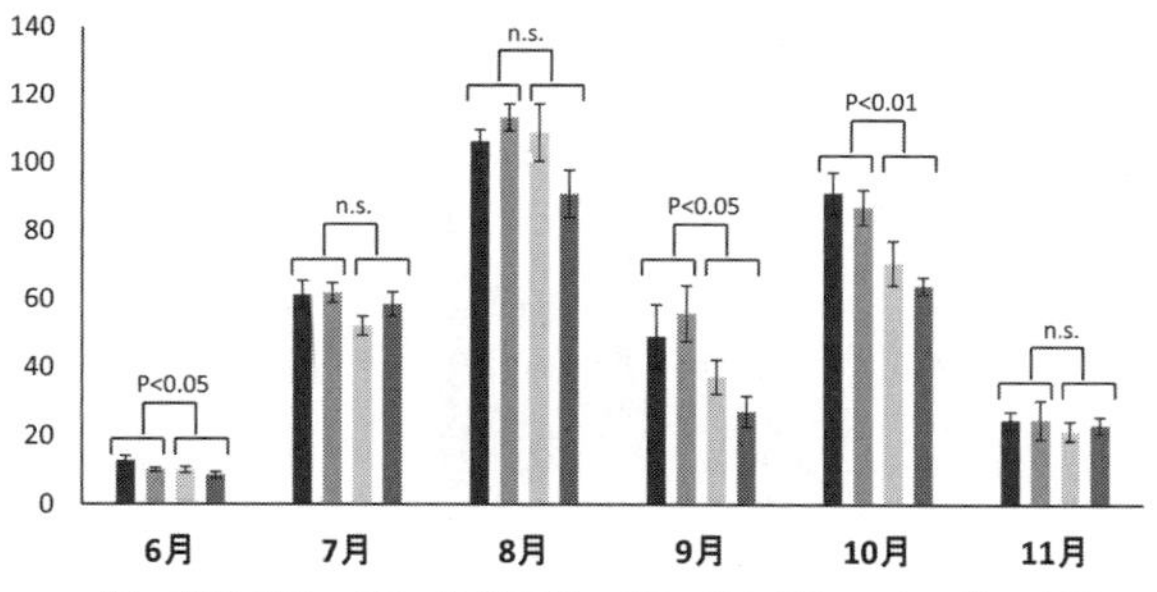

表4-2　ドリップ灌漑実験（トウモロコシ）の4つの試験区の設定

N1(窒素普通区)	N2(窒素多区)	N3(窒素超多区)	C(対象区)
N300g/10a/日	N500g/10a/日	N700g/10a/日	元肥30kg/10a+ 追肥6kg/10a

る方法。つまり、株間を狭くしてぎゅうぎゅうに育てることで、1haあたりの収量を上げていこうというもの。もう一つは、1株から収穫できるトウモロコシの本数を、2本、3本と増やしていく方法。おそらくこの両者のバランスのどこかに、もっとも収量が大きくなるポイントがあるのだろう。今回の実験では、後者の1株から4本、5本取りを目指すことを目的とした。

トウモロコシの3本取りについては、学会誌などの学術報告としては、一つも存在していない。そういう研究自体がまずされていない。プロ農家の実践報告としては、『現代農業』2013年7月号および2017年7月号にて、いくつかの報告がされている以外は、見つけることができていない。つまり、日本ではそれだけトウモロコシの多本取りというのは珍しいと考えて間違いない。そこで今回の実験では、ドリップ灌漑により窒素肥料をたくさん与えることで、トウモロコシの4本、5本取りが可能になるのかどうか、検証をしてみた。

実験は、2017年に拓殖大学八王子国際キャンパスの国際学部

図 4-3　ドリップあり（真ん中の畝）、ドリップなし（左側の畝）で、初期成長に大きな差が生じた

農園にて行った。トウモロコシは肥料として与える窒素の量で成長が大きく変わってくることがわかっているので、窒素施肥量の違う試験区を3種類もうけ、それに対象区（コントロール）を足した4試験区を準備した。それぞれN１区（窒素量３００g／10ａ／日）、N２区（窒素量５００g／10ａ／日）、N３区（窒素量７００g／10ａ／日）、C区（元肥30kg／10ａ＋追肥６kg／10ａ）とした（表４-２）。N１、N２、N３区には、ドリップ灌漑を設置し、液体肥料を水に混ぜて灌漑を行った（ドリップ・ファーティゲイション）。C区は対象区として、ドリップ灌漑は行わず、雨だけにて栽培をし、施肥は固形肥料を用いた。

4月27日に品種〝おひさまコーン88〟を播種した。畝幅50cm、株間50cm、畝と畝の間の通路幅を90cmとした。すべての試験区に黒ポリエチレンマルチを敷き、N１、N２、N３区については、マルチの下にドリップチューブを設置して、１日４回（８、10、12、16時）灌水を行った（図４-３）。

結果は、ドリップ灌漑を行った試験区（N１、N２、N３）と雨のみの試験区（C区）との間で、収量に２・６６倍もの大きな差が生じた（図４-４）。すなわち、ドリップ灌漑によって、雨だけの時と比べて収量が２・６６倍も増加したことになる。

この実験を行った２０１７年は、ピーマン実験時とは逆に、雨があまり降らない渇水の夏であった。そのため水不足が生じ、雨だけのC区とドリップ灌漑を行ったN１、N２、

図 4-4　トウモロコシの収穫量比較

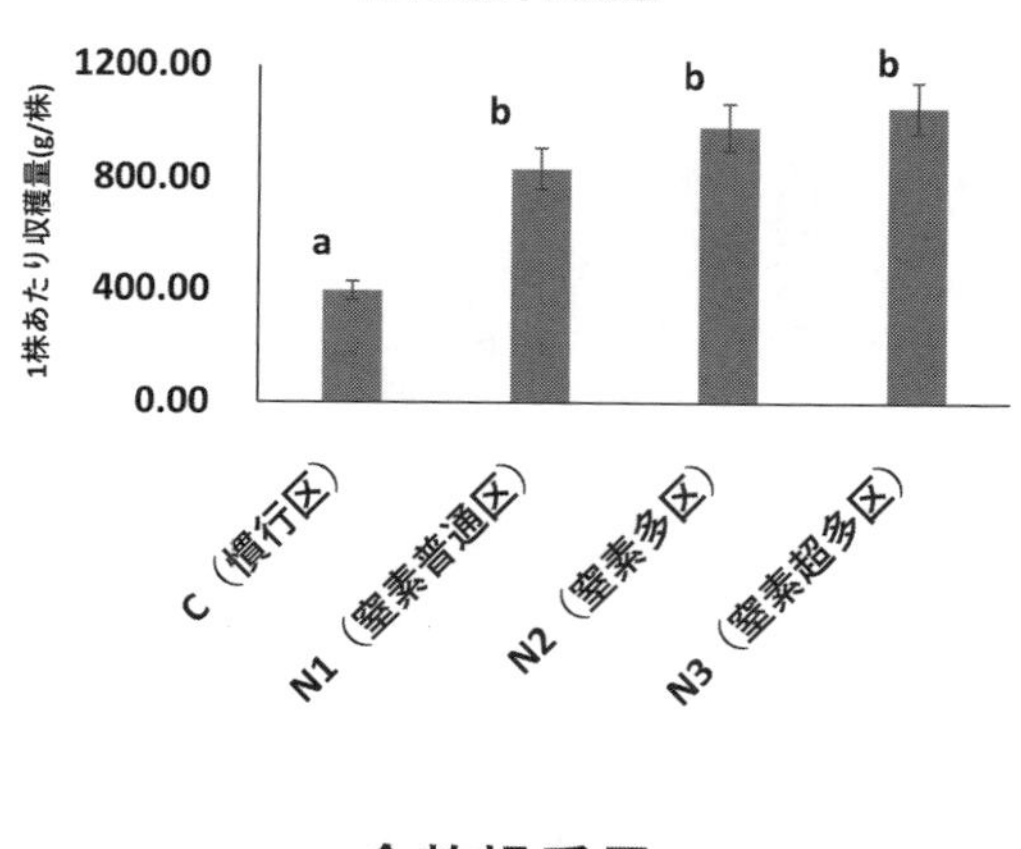

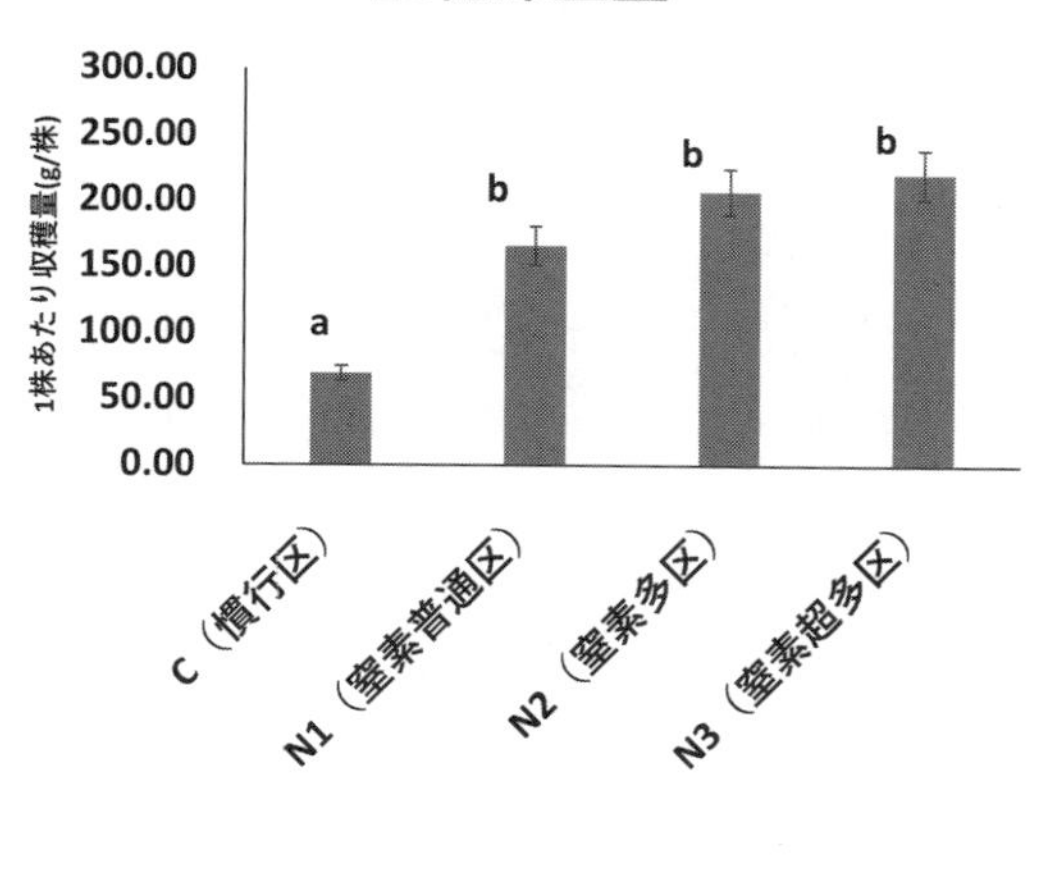

N3区との間で2・66倍もの差が生じたと考えられる。

実験前の予想では、N1、N2、N3区の間でも、窒素施肥量の違いによって、収量にも差が出てくると思っていたのだが、実際には、N1、N2、N3区の間に大きな差は見られなかった。つまり、窒素の量以上に、毎日定期的に水を与えるかどうかの違いが大きく影響しているようであった。

より詳しく結果を見てみよう。トウモロコシには大きさによってS、M、Lサイズといった規格があるのだが、Mサイズ以上のものだけに注目してみると、ドリップ灌漑を行ったN1、N2、N3区は、雨のみのC区よりもおよそ3倍収量が大きくなっていた（図4－5）。また発芽初期の枯死率にも大きな差が見られ、ドリップ灌漑をしたN1、N2、N3区ではおよそ2・5％の個体しか枯死しなかったが、雨のみのC区では、日照りが続いた影響もあり、15・7％が枯死していた。

初期成長でも明らかな差があり、N1、N2、N3区の方が、C区よりも成長が早く、旺盛であった。ただ高さについては、最終的にはC区も追いついてきて、全試験区で差は見られなくなった。

ドリップ灌漑を行うことではっきりと現れた違いは、初期成長が旺盛となり、分けつ（ぶん）と呼ばれる根元からの脇目が現れたことだ。その数は平均1・5本で、その分けつに二つめ、

図 4-5　トウモロコシの１株あたりの本数の比較

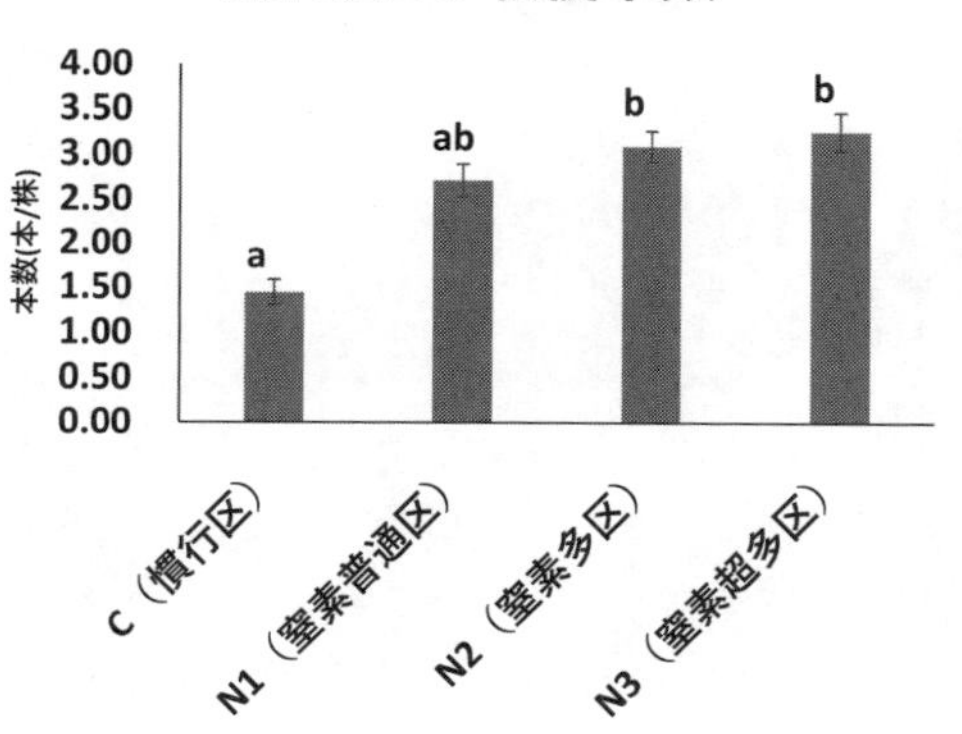

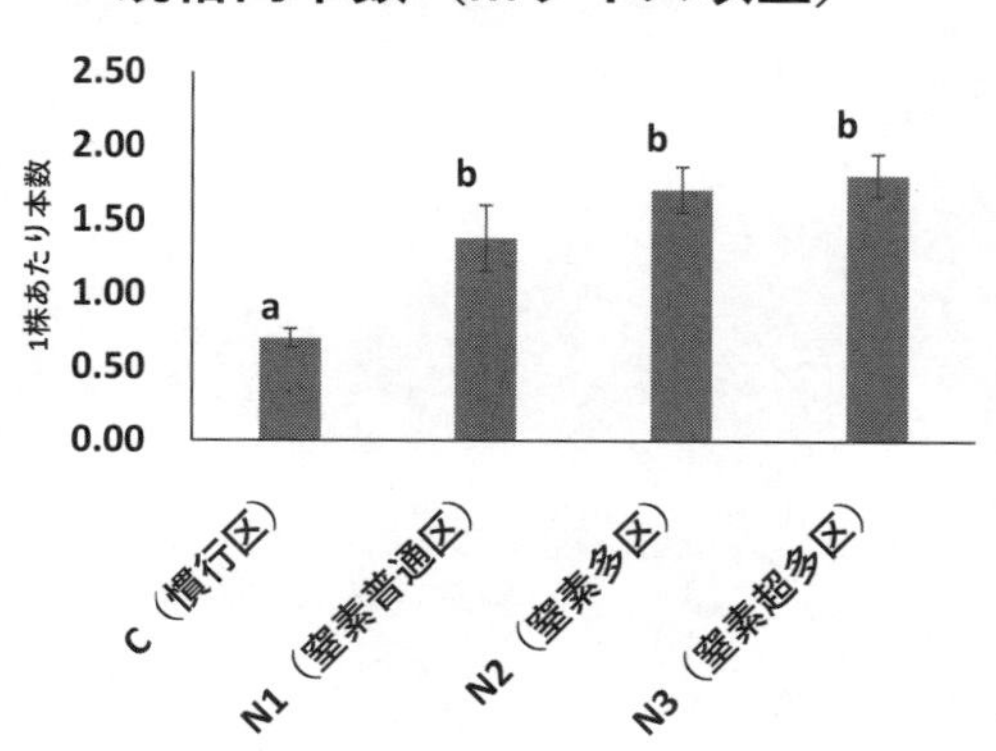

図 4-6　1 株に 4 本の実をつけたトウモロコシ

三つめのトウモロコシが実る形になっていた。

多本取りについては、雨だけのC区では、1株平均1・45本の実しかつかなかったのに対し、もっとも多いN3区には平均3・27本の実がついた。4本取りも多数見られ、最大1株7本の実がついているのが観察された。(ただし、商品になるものは1株4本どまりだった。)(図4-6)。

第5章

近未来の農業の形

1　変わらざるを得ない農業の形

およそ400年前、初めて望遠鏡が発明されたときのショックを想像できるだろうか。それは、天文学を揺るがす大事件だったに違いない。それまでは、星々がきらめく天上界には、まだ神々が住むといったような世界観が残っていたはずだ。しかし、望遠鏡が発明されると同時に、ありのままの星々が見えるようになってしまった。月とは、クレーターだらけの荒野であり、土星には輪があり、木星には無数の月がある、とはっきり観察されてしまった。それまで人類が何千年とかけて積み上げてきた宇宙の知識は、望遠鏡が生まれた後のたった10年間で、軽々と追い抜かされてしまうことになる。それほどまでに、望遠鏡の衝撃は大きかったはずだ。

今の時代も、それと同じことが起きている。AIの登場が、今まさに世界を恐怖と困惑に陥れようとしているが、農業の分野でもまた、大きな革命が次々と起きつつある。

これまで一緒に見てきたように、イスラエルをはじめとする先進諸国の農業は、センサーや衛星画像を駆使して、そのデータをインターネット上のクラウドに上げて分析し、そして自動で灌水や施肥をする農業になっている。言ってみれば、今は「クラウド型農業の時代」ということになるだろう。しかし、それは農業の進化のほんのさわりに過ぎない。おそらく今後10年から20年のうちに、農業の形は激変していくと思われる。

そう聞くと、多くの人はやはり拒絶反応を示したくなるだろう。もうこれ以上の目まぐるしい変化は嫌だ。昔のままがいい。農業をビジネスにしてはいけない。農業とは、土に根ざして、自然の動植物と歩調を合わせてするもの。センサーとかクラウドとか、そんなハイテクは必要ない。そう考える人が多いのではないだろうか。

正直私自身も、心情的にはそちら側の人間だ。昔ながらの栽培法が一番いいと感じている。石油に依存し、ハイテクを駆使した現代農業は根本がどこか間違っている。そう本気で考えている。でも本書で繰り返してきたように、弱肉強食の国際競争の時代に突入してしまった。そこで大切なのは、「正しい農業」ではなく、「生き残れる農業」であろう。

そして生き残れる農業とは何か、と考えると、これまで見てきたように、生産効率を極限まで探求し、1haあたりの収穫量を上げ、作物の価格を安くし、なおかつ最高の品質と味、そして安全性を保証するもの、となっていくだろう。残念ながら、昔ながらの農法は、この条件を達成できていない。1970年代と同じ栽培法をしている日本の農業は、1haあたりの収穫量は50年前からまったく向上しておらず、そのため作物の値段は世界一高くなってしまっている。さらには、味はよいが、農薬は世界トップクラスであり、安全性に問題がある、という状態になっている。それでは、国際競争力はゼロに等しい。

生き残っていくためには、農業の形を変えていかないといけない。日本の自動車産業のように、日々改良を重ねていかないと、世界との競争には勝てない。言い換えると、「生き残れる農業」とは、常に変化し続ける農業なのだろう。生物進化の歴史と同じだ。変化を拒んだ者は、滅びるしかない。

では、変化し続ける農業とはどのようなものなのか、それをこの章で一緒に見ていくことにしよう。20年後の近未来には、農業とはどのような形に変わっているのか、その流れについて行くためには、今何をするべきなのか。

おそらく鍵となってくるのは、3つの分野だと予想される。1つはAI（人工知能）、そして遺伝子操作技術、最後にナノテクノロジーだ。これらの最新技術は、まさに望遠鏡がもたらしたのと同じショックを我々に与えてくるだろう。農業の形を根本から変えてしまう。人類がこれまで何千年とかけて培ってきた農業の技術は、おそらく今後20年ほどの間に、軽々と凌駕されてしまうことになる。

それは単に生産効率が上がるといった話ではない。みなさんが漠然と思っている「農業とはこういうもの」という固定観念が、根底から覆されるのだ。ちょうど神々が暮らしていたはずの月のイメージが、望遠鏡によって単なるクレーターだらけの荒野へと変わってしまったのと同じように。それくらい大きな転換期に、今我々はいる。

2 AI農業の姿とは

では、近未来農業の第1の柱、AIから見ていこう。

AI農業と聞くと、どうやら多くの人は「匠(たくみ)の技をデジタル変換すること」を思い浮かべるようだ。つまり、こういうことだ。日本には、農業の達人とも呼ぶべき匠がたくさんいる。彼らは土づくりの方法から、水やりの仕方、肥料の与え方、苗の育て方、整枝の仕方、収穫時期の見極め方にいたるまで、素人にはまねのできない極意を持っている。その極意は素晴らしいものなのだが、なかなか弟子たちに伝えることが難しい。そのため、日本では「水やり10年」とかの言葉をよく耳にする。水のあげ方だけでも、マスターするのに10年もかかるという意味だ。マニュアルは一切存在しておらず、すべての智恵は匠の勘に収められている。しかも厄介なことに、最近は農家の跡継ぎが減っていて、その匠の技が失伝してしまう危機に瀕している。

そういった困難を解決すべく「匠の技のデジタル化」という試みが、2010年代にブームとなった。それは、数値化されていない匠の技をあえて数値化しようという試みで、水やりのタイミングや量、そして条件などをすべて精密に記録し、そこからある種の法則性を見つけ出すことで、それまで勘に頼っていた匠の技をしっかりデジタル化しようというものだ。そうすれば、匠の技を後世に保存することができるし、マニュアル化も可能になる。マニュアル化ができれば、素人でも匠と同じような技術を比較的早くマスターすることができるようになる。そういった考え方だ。

こういった「匠の技のデジタル化」自体はたいへん意義のある試みだと思うし、後世のためにも必要な作業だと思う。しかし、この章で扱っている「AI農業」というものは、そのような「匠の技のデジタル化」とはまったく違う。というのも、匠の技をデジタル化したとしても、それは基本的に従来の農法と何ら変わることがないからだ。ただ匠の勘に頼っていた曖昧なものが、数値化されただけのことに過ぎない。ここでいうＡＩ農業とはそれとはまったく次元の異なるもので、これまでの人類の歴史で一度も登場したことのない、まったく新しい農業のことを指す。

では、そのようなＡＩ農業とは、具体的にどのようなものだろうか。それを考えるときに一番重要になってくるのが、様々なセンサーたちだ。すでに第3章において、土壌センサー、気象センサー、植物生長量センサーが実際に使われていることは紹介した。他には温度センサー、肥料センサー（ＥＣセンサー）、pHセンサー、照度センサー、風速センサーといった多様なセンサーがある。それらのセンサーは、イスラエルやヨーロッパなどの農場ではもうあたりまえに設置されているが、実のところ、そのセンサーたちの真の力はまだまったく発揮されていない。というのも、人間ではセンサーの機能を十分に使いこなせていないからだ。ＡＩが登場したとき、初めてセンサーたちの真の力が発揮されることになる。

どういうことかというと、農場に設置されているセンサーというものは、基本24時間休みなく働き続けている。設定にもよるが、たとえば1分おきに土壌の水分量、温度、電気伝導度、pHの値などを計測し、そのデータをインターネット上に飛ばしている。飛ばされたデータはクラウド上に蓄えられ、農家の方たちはそのデータを自分のスマホで見ることができるようになっている。たいていは、時間を横軸とした折れ線グラフで表される。

しかし、このような折れ線グラフは、人間にとってはあまり意味がない場合がほとんどだ。多くの人は、グラフを見て「ふーん、土壌水分が時間によって変化しているね」と感じるだけで終わりだろう。もし極端に乾燥していたりするならば、「すぐに水をあげなくては」と慌てるかもしれないが、適正な範囲内であれば、折れ線の細かな変化にとくに意味を見いだせないであろう。一言で言ってしまうと、センサーたちが1分おきに上げてくる膨大なデータというものは、人間の頭には複雑すぎて、処理できる範囲を超えてしまっているのだ。だから、いくらセンサーの数を増やそうが、センサーをより精密にしようが、あまり意味はない。ただ解釈不能なデータが積み重なっていくだけだろう。

しかしAIならば、その膨大なデータを一瞬で処理することができてしまう。センサーたちが1分おきに上げてくるビッグデータから、有益な法則性を抽出することができてしまう。

具体的にはこういう流れになる。とくに重要になってくるのは、第3章で紹介した「植物生長量センサー」で、それは植物の生長をミクロン単位で精密に計測している。たとえばトマトの実が「今日の午前10時55分から10時57分までの間に50ミクロン肥大した」というような細かな情報が、続々とセンサーから送られてくる。もちろんそんな細かなデータを見ても、人間では何もわからないし、そこから有益な情報を引き出すことなんてできない。しかし、ＡＩなら何十種類ものセンサーから送られてくるビッグデータを、有機的に結びつけることができる。土壌水分のデータ、土壌養分のデータ、日射量のデータ、光合成量のデータ、根の生長量のデータ、こういった様々なセンサーデータと、植物生長量センサーのデータを照らし合わせて、「土壌水分がこういう状態で、日射量でこういう条件が整えば、トマトは50ミクロン生長できる」とか、逆に「日射がこれしかなくて、土壌に水分がこれだけあると、トマトは水分過多になってしまい、生長量は落ちる」といったことをＡＩが診断できるようになる。

例えるなら、巨大な鍋のようなものだ。センサーたちはデータという名の膨大な具材を、どんどん鍋に放り込んでくる。すぐに鍋は雑多な具材であふれかえり、もうぐちゃぐちゃの状態になる。人間の手では、それをまともな料理にするなんてとてもできない。具材の種類も量も多すぎて、処理しきれないのだ。ところがＡＩなら、その混沌の中から、秩序を見いだすことができる。「この具材（データ）とこの具材は相性がいい」とか「この具材とこの具材が組み合わさると、毒が生まれる」とかの法則性を抽出することができる。そしてその法則性を巧みに使いこなすことで、膨大な具材を秩序立てて配置し、見た目も美しく、味もおいしいごちそう鍋に仕立てることができてしまう。それが、AI農業の基本的な考え方だ。

では、そんなAI農業を実際にプロ農家が使うときにはどんな形になるか。それは驚くほどシンプルで簡単になるだろう。システムの複雑さとは裏腹に、実際の操作方法はただスイッチを入れるだけ、ということになるだろう。あとはすべてAIが全自動で栽培してくれる。ちょうど全自動洗濯機と同じだ。いつどれだけの水をあげるべきか、どんな肥料をどのタイミングで入れるべきか、殺虫剤はいつどれだけ使うべきか、といった判断は、すべてAIが勝手にしてくれる。AI自身は、農場にちりばめられた何十個ものセンサーから逐一情報を得て、分刻みで水や肥料の量を調整することになるのだが、人間はそんなことに感知する必要はない。AIが勝手に最適な解を計算し、ドリップ・ファーティゲイション装置を通して自動で灌水や施肥を行ってくれる。人間がすることは、最初にただスイッチを入れるだけ。あとは収穫時期まで待てば、勝手においしくて安全な作物が実っていることになる。しかも、従来の方法の何倍もの収量で。

ここで注意してほしいのは、すべてを全自動でするためには、AIからの命令に従って、水や肥料を自動でまく装置が畑に設置されている必要があるという点だ。これは工学的にはアクチュエイターと呼ばれるもので、コンピューターが出した命令を、実際に物を動かすとかして現実に仕事をする装置のことだ。農業の場合は、このアクチュエイターは灌水をしたり、肥料をあげたりする装置のことを指す。すなわち、ドリップ・ファーティゲイションのことだ。

ところが世界的に見て、日本にはこれがまったく普及していない。その原因は、第4章で述べたように、幸か不幸か日本には四季を通して雨が降ってしまっているためだ。そのせいで、日本には水田以外の灌漑がまったく発達しなかった。今では完全な灌漑後進国になってしまっていて、そのことに誰も気づいてすらいない。その遅れは、今の時点ではそれほど目立たないのだが、こうしてＡＩ農業の到来を見据えていくと、かなり致命的な問題となってくることがわかるだろう。というのも、ＡＩ農業というものは、今ヨーロッパやイスラエルで発展している灌漑農業の上に乗っかってくる形で発展してくると予想されるからだ。

もう一つ、ＡＩ農業がどんな形になっていくかをより正確にイメージするためには、ＡＩの発展だけでなく、センサーの発展にも目を向けることが重要になってくる。今後は、これまで誰も考えもしなかったセンサーが次々と生まれてくるに違いない。たとえば、ブドウやモモを甘くするために、きっと「アンモニア―アミノ酸センサー」といったものが開発されるはずだ。もちろんそんなセンサーは、今は世界のどこを探しても存在していない。

どういうことかというと、ブドウやモモを甘くするには、どのように育てたらよいか、ご存じだろうか。

実はそれはとても難しい問題で、教科書的に「こうしたら作物は甘くなる」という正解は存在していない。だからプロの農家たちは、長年の経験から独自の手法を開発している。「このぼかし肥料を使ったらいい」とか「枝をこの時期にこれだけ切ったら、甘くなる」といった具合に秘伝を開発している。それらはその土地土地にあったすばらしい栽培法で、まさに匠の技と言っていいだろう。そしてその習得には、やはり「水やり10年」と同じように、長年の修業が必要とされている。

このように「いったいどうしたら作物を甘くできるのか?」については共通の正解が存在していないのだが、その原理については、化学的にだいぶ解明されている。モモが甘くなる仕組みを化学の視点から見ると、こういうことになっている。まず肥料をモモに与えると、その中の一番大切な栄養素である窒素が根からモモの体内に吸収される。その窒素は、最初は硝酸という形をとっているが、それがモモの体内で、硝酸からアンモニアに変わり、さらにアミノ酸、ペプチド、タンパク質という順に変化していく(図5-1)。スタートが硝酸で、ゴールがタンパク質となる。

図 5-1　作物に吸収された後の窒素の変化

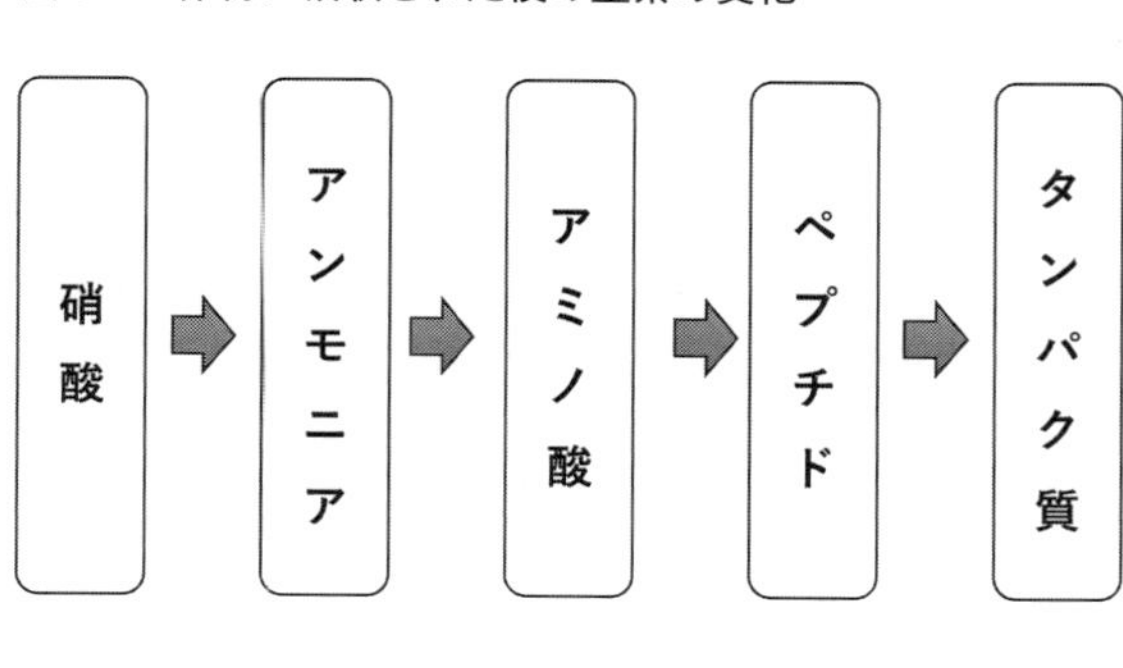

タンパク質とは、人間でいうと筋肉に当たる。植物でも同じで、タンパク質は茎や葉を大きくする筋肉と考えてくれていい。つまり肥料を上げると、その窒素分が根から吸収され、モモはどんどん筋肉ムキムキのたくましい姿に育っていくのだ。具体的には、幹や葉がどんどん大きくなり、緑がどんどん濃くなっていく。それはモモの木の生長という意味ではすばらしいことなのだが、肝心の「モモの実を甘くする」という意味では、実はマイナスになってしまっている。

その理由は、先ほどの化学変化の中にある。「硝酸態窒素→アンモニア→アミノ酸→ペプチド→タンパク質」という変化の中で、「アンモニア→アミノ酸」の段階で、とても大きな変化が起きている。おわかりになるだろうか。化学的に見ると、硝酸とアンモニアは無機物なので、その成分は主に窒素（N）、酸素（O）、水素（H）からできている。それに対し、アミノ酸、ペプチド、タンパク質は有機物なので、窒素（N）、酸素（O）、水素（H）に加えて、炭素（C）が必要となってくる。つまり、アンモニアからアミノ酸へと変わる変化の中で、どこからかCを奪ってくる必要があるということだ。では、いったいどこからCを奪ってきているかというと、モモの体内にある糖からだ。その糖は、モモの葉で光合成によって作られている。

おわかりだろうか。肥料とモモの実の甘さはこういう関係になっている。肥料をたくさんあげればあげるほど、モモの葉や幹は大きく育つことになる。しかしその過程で、体内にある大切な糖を横取りしてしまう。すると体内にある糖が減るので、当然モモの実も甘くなくなってしまう。こういう原理だ。肥料をあげるほどに、実は甘くなくなり、まずくなっていくのだ。

では、どうしたら甘くすることができるだろうか。秘訣は、モモ体内の糖を減らさないようにすることだ。せっかく葉で光合成によって作られた糖を、無駄にタンパク質合成に奪われないようにすることが大切になってくる。そのためには、①肥料をあげすぎないこと、②肥料をあげる場合も、たくさんの硝酸を一気に与えるのではなく、毎日少量ずつ、じわじわと与えること。そうすれば、貴重な糖の減少を最小限に抑えることができる。そのために、プロの農家たちは、速効性の化学肥料を避け、じわじわと効いてくるぼかし肥料などを使うことが多い。その経験則は、確かに理にかなっている。

ところが、もし「アンモニア―アミノ酸センサー」といったものが開発されたなら、話は大きく変わってくる。そのセンサーは、モモの体内で「今どれだけのアンモニアがアミノ酸に変化しているか」を正確に計るもので、その値がわかれば、貴重な糖が横取りされすぎないように、与える肥料の量を1分刻みで正確に調整することができるようになる。もちろんそんな細かな芸当は人間にはとうてい無理で、AIがあってこそできる農法だ。きっとAIは、その「アンモニア―アミノ酸センサー」によって精密に肥料をコントロールし、今まで人類が味わったこともないような甘いモモを作ってくることだろう。このような精密さが、AI農業の特徴だ。

さらには、人間には不可能だが、AIならできてしまうことがもう一つある。それは、常に世界最先端の栽培法を実践するという点だ。

ご存じのように、現代はめまぐるしくテクノロジーが進歩していく時代。今日、最新と呼ばれる技術も、3年後にはもう時代遅れで、使いものにならなくなっている。そのような時代に生き残っていくためには、農業においても、常に世界最先端の技術や理論に習熟しておく必要がある。

そのために大切なことは、農業の最前線で、今どのような発見があり、どのような進展が起きているのかを常に把握しておくこと。具体的には、農業の専門ジャーナル、いわゆる学会誌というものを読むことになる。科学的な新発見は、必ずこのような国際学会誌にまず発表されるからだ。

しかし、それは言うほど簡単なことではない。というのも、世界で発表される学術論文の数は、1日8千本にも及ぶと言われている。毎日、それだけ膨大な数の論文が発表されていて、すべて英語で書かれている。それらを全部読もうとしたら、いったいどれだけの時間がかかるものだろうか。

単純に計算してみると、1本の論文を読むのに10分かかるとする。8千本を読むには、1300時間、つまり56日かかってしまうことになる。しかもその数字は、24時間一切の睡眠もなく論文を読み続けた場合の時間だ。どう考えても不可能だということがわかるだろう。

ところが、AIならばできてしまう。IBMのワトソンと呼ばれるコンピューターは、1秒間に6000万ページの論文を読むことができる。1日8千本の論文なんて簡単なことだ。そして、その膨大な論文から得た最新情報にもとづき、AIは新しい栽培法を試みる。

AIは自ら学習することもできるので、その畑の土壌の特性、作物の特徴、害虫の種類や数、はびこりやすい病気の種類といった地域性を記憶し、農家1軒1件ごとに、オーダーメイドの栽培法を提案してくれるようになるだろう。

以上のように、AI農業の時代になると、今まで想像もしなかったような農業が生まれてくる。ビッグデータと自己学習（ディープラーニング）によるまったく新しい農業の誕生だ。そしてスイッチをただ入れるだけで、あとはAIが勝手に条件をコントロールし、栽培してくれる。匠がつくってきた作物の10倍、20倍もの収量を実現することなんて朝飯前だろうし、味ももちろんずっとおいしくできる。しかも、ただおいしくするという単純な話ではなく、カレー屋さんで辛さや甘さのレベルを選べるように、モモの酸味や甘みを10段階で自在にコントロールすることもできるようになる。

こういった農業が、AI農業の姿だ。それは匠の技をデジタル化するといったレベルのものではまったくない。もっとはるかに精密で、はるかに効率のよい農法になってくる。そしてその大波がやってくるのは、決して遠い未来ではなく、あと10年ほどと言ってもいい状況にある。

はたしてそんなAI農業が海外でいち早く実用化されたとき、日本の農業は太刀打ちすることができるのだろうか。

3 遺伝子組み換え作物と近未来の農業

ＡＩ農業とあわせて、必ずやってくるであろう農業の大革命は、遺伝子操作テクノロジーだ。このテクノロジーはＡＩ農業にさらに輪をかけて、より農業の形を根底から変えてしまう可能性が高い。しかしこのテーマは、それ自体で本数冊分にもおよぶ壮大なテーマのため、本書では深く取り上げないことにする。ここでは、イスラエル式農法に将来関わってきそうな発見についてのみ、若干の紹介と解説をする。

ある衝撃的なニュースが２０１９年１月にひっそりと報道された。

「科学者たちは光合成をハッキングして、収量を40％上げることに成功」

これはイギリスで発表された記事で、科学者たちによると、実は植物の光合成というのは思った以上に無駄が多いらしく、遺伝子操作をすることでその無駄を省くことができるという。そしてタバコの収量を40％も向上させることに成功したとのことだった。今後は大豆、コメ、ジャガイモ、トマトなどへの応用を目指していくらしい。

これはとても重大な発見で、今は40％だからそれほどインパクトは大きくないが、将来的には収量を200%、300%も向上させることができるかもしれない。従来なら1トンしか収穫できなかったトマトが、遺伝子組み替えを使えば3トンも取れるようになる。そうなると、価格を3分の1にすることができてしまう。マーケットでの勢力地図が劇的に変わってしまうことだろう。もはや遺伝子組み換えでないトマトは、勝負にならないかもしれない。価格競争でまったく太刀打ちできなくなってしまうだろう。

同様に、作物の寿命を延ばす研究も進められている。かつては寿命というものは不変であり、逃れることのできない定めと信じられていたのだが、カリフォルニア大学のマイケル・ローズが1970年代に、単純な選択育種によってショウジョウバエの寿命を70%も延ばすことに成功すると、一躍この分野が真面目な研究分野として躍りでることとなった。その後、コロラド大学のトマス・ジョンソンが線虫で老化の原因となっている遺伝子を特定し、線虫の寿命を110%も延ばした。科学者の中には、「老化プロセスを制御する遺伝子がいくつも存在しており、寿命を変えるのは、電灯のスイッチをオンにするのとほとんど変わらない」という見方をしている人もいる。今後あらゆる生物のゲノムがAIで解析できるようになってくると、この分野の研究も飛躍的に進展していくことだろう。

その結果、どのようなことが起きてくるかというと、遺伝子操作によって、作物の寿命を今の2倍、3倍と延ばすことができるようになってくるのだ。もしかすると、ほぼ不死の作物を作り上げることだってできてしまうかもしれない。もしそうなれば、もはや農業というものが、根底から覆されてしまうことだろう。

想像してみていただきたい。遺伝子組み換えをしたトマトが何年も生長し続け、しかも1年中トマトの実をつけ続けるとしたら、どうだろうか。いったい収穫量は、これまでのトマトの何倍にまで膨れ上がるだろうか。先ほどの光合成増加の遺伝子とも組み合わせて、ほぼ不死かつ光合成量10倍のトマトが開発されたとしたら、いったい農家はどちらを育てることになるだろうか。従来の1年に1回、夏だけしか実をつけないトマトか、1年中途切れることなく実をつけ、しかも収量が10倍、ほぼ永遠に生き続けるトマトか。

このように、遺伝子組み換え作物がどんどん発展していくと、我々がぼんやりと考えている「作物とはこういうもの」という概念が根底から覆されていくことになる。今は想像することもできないような、不思議な野菜や果物が広まっている可能性は十分にある。そんな未来もすぐそこにまで迫ってきている。

4　ナノテクノロジーの導入

最後にナノテクノロジーについて少し解説をしよう。

まずナノテクノロジーとはいったい何なのかということだが、ナノとは数字の単位のことで、1ミリメートルの100万分の1が1ナノメートルになる。そのような信じられないほどミクロな世界の技術が、ナノテクノロジーと呼ばれる。

とうてい肉眼で見える世界ではないため、何か遠い世界のように感じてしまいがちだが、すでにみなさんの知らないところで、このテクノロジーはたくさん実用化がされている。たとえば自動車のエアバッグがそうだ。

エアバッグは、車が何かにぶつかりそうになると、瞬時に巨大な風船が膨らんでクッションとなり、人命を守るというシステムだが、その鍵となっているのが、MEMS加速度センサーと呼ばれる装置だ。そのMEMS加速度センサーの中には、顕微鏡でしか見ることのできないほど小さなシリコンの重りが入っていて、それはシリコン製のバネでつるされている。急ブレーキがかかると、吊されたシリコン重りが揺れ、基板との位置が一瞬ずれる。その一瞬のずれを検知して、0・04秒以内に大量の窒素ガスを放出することで、エアバッグが膨らむ、という仕組みになっている。これがナノテクノロジーの一つの応用例だ。このセンサー技術のおかげで、すでに何万人もの命が救われている。

農業においても、すでにイスラエルではナノテクノロジーが使われ始めている。今のところ、それは作物の保存技術という形で紹介されている。

作物の保存というのは実はとても重要な分野で、とくに海外への輸出を考えるときには、「どれだけ長期間、作物の鮮度を保てるか」という課題が、何よりも大切なテーマとなってくる。ところが、日本はこの技術については、致命的なほどに後進国になっている。これまで輸出をしてこなかったので、その分野の技術がまったく発展していないのだ。今、日本で採用されている保存技術は、基本的に冷蔵して定温で運ぶといったレベルのものでしかない。

しかし、輸出される果物・野菜の多く（たとえばモモやブドウやメロン、サツマイモなど）は、低温で運ぶと、低温障害でいたんでしまう。かといって常温で運べば、もちろんすぐに腐る。

この問題にどう対処するか、すなわち収穫後の作物の鮮度をいかに保つか、という技術は「ポストハーベスト技術」と呼ばれ、海外ではすでに多くの研究が進んでいる。たとえば温度管理一つとっても、冷温障害を回避するために、一度温めてから冷蔵したり（温水処理、温熱処理）、事前に急冷した後に冷蔵輸送する（プレクーリング処理）など、様々な手法が研究されている。他にも、オゾン処理、紫外線処理、食用コーティング処理（edible coating film）、カルシウム処理、ジャスモン酸メチル処理、酸化窒素処理、シュウ酸処理、ポリアミン処理など多くの手法が探求されている。

実際にイスラエルを訪問したときに驚かされたのが、イスラエル式のカイワレ大根だ（図5-2）。このカイワレ大根は、日本のものと違い、すでに根が切ってある。すぐに盛り付けられるように、長さ3cmほどの細切れになっている。なのに、この箱に入れて輸送すれば、鮮度が2週間以上にわたって保たれるというのだ。根がついている日本のカイワレ大根よりも長持ちする。なぜそんなことができてしまうのか？

そう聞くと、多くの日本人は「強力な薬品をかけているに違いない」と思ってしまうが、そうではなく、もっと高度で安全な「空気組成調整技術（modified atmosphere）」が使われているという。パッケージ内部の空気組成を精密に調整することにより、作物の新陳代謝を抑え、劣化の速度を大幅に遅らせるテクノロジーだ。こういう技術が急速に進んでいるために、今や地球の裏側から、新鮮野菜・果物を運んでこられるようになっている。

たとえばイスラエルのStePacという会社は、このような空気組成調整技術によるパッケージングを手がけている。同じくイスラエルのTADBIKという会社は、そのための特別な包装資材を開発している。

そしてこのポストハーベスト技術の中で、最近注目されつつあるのが、ナノテクノロジーだ。たとえばイスラエルのValentis Nanotechという会社は、野菜・果物を包装するナノフィルムや、あるいは野菜や果物をそのままコーティングしてしまうナノ素材を開発している。Melodeaという会社は、セルロース・ナノ・クリスタルという特別なナノ素材を開発していて、それを農作物の保存に応用しようとしている。

このように、ナノテクノロジーはまず作物保存の分野（ポストハーベスト）から始まっていくが、その後、応用範囲は急速に広がっていくと予想される。

たとえば医療の世界では、ナノロボットと呼ばれるものが実用化されつつある。どういうものかというと、人間の体内に直接入れ込むタイプのナノ粒子（ナノロボット）で、体内に入った後は、血管の中を通り、体中を駆け巡ることになる。そして最終的にはガン細胞を見つけ、そこにとりつき、毒を送り込む。そういったナノ治療が、近い将来実用化されると見込まれている。

このナノ粒子を使えば、ガン細胞だけ狙い撃ちをして、直接毒を浴びせることができるだけでなく、他の細胞を傷つけることが一切ない。まさにスマート爆弾だ。あるいは毒で

図 5-2　イスラエルのカイワレ大根
この根を切ってある状態で、2 週間以上鮮度が保たれるという。それは薬品処理されているのではなく、パッケージ内の空気組成を精密に調整しているためだという。東洋マーケット向けにシソやワサビのカイワレまであった。

はなく、ナノ粒子がレーザーを使うことで、直接ガン細胞を破壊する研究もされている。

このナノロボットが人間のガン細胞を攻撃することができるのなら、当然作物体内の病原菌や寄生虫たちを殺すことだって可能になるだろう。ということは、もはや農薬というものが必要なくなっていく未来が予想できる。

これまで農業では、虫や病原菌などの外敵を農薬（殺虫剤、殺菌剤など）で殺してきたが、これからはナノ粒子を作って殺すようになるのかもしれない。雑草についても、今は除草剤という薬剤をまいているが、これからは無数のナノ粒子を畑にまくことで、雑草を根こそぎ食い尽くすようになるのかもしれない。

以上見てきたように、ＡＩ、遺伝子組み換え、ナノテクノロジーは、すでに農業分野に深く入り込みつつある。今後日本も新しい農業に転換していく際には、このような近未来の農業の姿を見据えながら、いったいどの方向に向かっていくのが正解なのか、将来予測とともに作戦を立てていくことが重要になってくる。

おわりに

ソフトバンクのＡＩロボットpepperがけん玉を練習するという動画がある。

これには非常に驚かされた。Googleで検索すれば、簡単に見つけることができるので、ぜひご覧になっていただきたいのだが、「ロボットのpepperが自力でけん玉を習得できるか？」という疑問を検証した動画だ。

pepperは最初失敗ばかりしている。はじめの20回ぐらいは、玉がカップにかすりもしない。40回ぐらいしてもまだまだ下手くそで、「なんだ、ＡＩといえども、全然人間におよばないな」とか思ってしまう。ところが、60回目ぐらいから、玉がかなりカップに近づいてくる。80回目には球がカップに当たり始める。そして１００回目、ついに成功する。玉が見事にカップに収まる。

ところが、本当に驚くのはここからだ。１０１回目、１０２回目……とpepperは続ける。すると、すべて成功する。もはや二度と失敗しなくなったのだ。そこが人間を凌駕するすごいところで、一度こつをマスターしてしまえば、もう何百回でも何千回でも、それを繰り返すことができてしまう。

　これが何を意味しているかわかるだろうか？

　つまり、職人技とか匠の業とか呼ばれているものは、すぐにＡＩの方が上手になってしまうということだ。農業についても、栽培に関する様々な職人技があり、師匠から弟子に受け継がれてきた。しかし、ＡＩはそれを自力でマスターしてしまう。しかも、一度マスターすれば、もう二度と失敗することはない。近い将来、人間の職人が不要になり、ＡＩロボットが活躍する時代が来てしまうかもしれない。

　職人技ですらそうなのだから、単純作業は言うにおよばない。農作業には、雑草取りから種まき、整枝、収穫にいたるまで、単純作業がつきものだが、そんなものＡＩロボットは苦もなくこなすようになるだろう。そのとき重要なのは、「ＡＩは文句を言わない」ということだ。

　人間の従業員なら、すぐに「つかれた」とか「待遇が悪い」とか不平不満を口にしてくるだろう。ところが、ＡＩは文句を一切言わない。まさに機械のごとく、もくもくと作業をこなしていく。24時間だって働ける。そして熟達していく。はたして雇う側にしてみると、人間とロボット、どちらがいいと感じるだろうか。

　このような未来は、もうすぐ目の前にまで迫ってきている。きっとあと10年もかからないうちに、農場をロボットが動き回っているようになるだろう。実際、Amazonの倉庫はすでにそうなっていると聞く。倉庫の中では、無数のロボットたちがせわしなく駆け回っていて、そこに人間が入ろうとすると、もはや邪魔にしかならないという。人間が立ち入り禁止となり、ロボットだけが活躍している現場。

製薬業界にも、「まほろ」という薬品開発ロボットが登場している。このロボットのすごいところは、それまで人間が使っていた実験器具や装置をそのまま使いこなせるという点だ。まさに人間の代わりに働くことができてしまう。しかも、人間のように文句を言ったり、疲れたりはしない。ただひたすらよりよい薬の開発を目指して、実験を繰り返してくれる。雇う側にしてみると、こんな理想的な従業員がいるだろうか。

こういうテクノロジーの進化を見ていると、人間の存在価値なんてどこにあるのだろう、と嘆きたくなる人もいるかもしれない。本当にテクノロジーの進化のスピードはものすごい。1969年にアポロ11号が月面に着陸したが、そのときNASAが使っていた最新コンピューターよりも、今みなさんの手元にあるスマートフォンの方が、ずっと性能が上なのだ。日本が誇るスーパーコンピューター京も、今はビルまるごと使うほどの大きさだが、あと20年もすれば、それと同性能のものが、みなさんの手元に収まっていることだろう。

そんな驚くべき変化のスピードを目の当たりにしたとき、悲観的な人は、「AIの登場によって、人間の職が奪われる」とか負の側面ばかり探しては、嘆いている。確かに、かつては町中にあった「写真の現像屋」という仕事は、今では消滅した。同じように、多くの職が、テクノロジーの進化とともに消滅していくことは間違いない。

でも、それは決して悪いことばかりではない。ポジティブな視点からこの急速な変化を見ようとするならば、いくらでも明るい未来を見つけることができるはずだ。

農業に関しても、これから急速な変化が次々と起きていくことになる。まさに革命と呼べる激変が起きるだろう。でも、それはかつてなかったチャンスと捉えることもできる。たとえば農業ＡＩロボットが登場してくれれば、人間は単純労働から解放されることになる。もはや雑草取りで腰を痛めなくてもよくなるのだ。それだけでも、農業のイメージが変わるだろう。若者がもっと入ってきやすくなるだろう。

単純労働どころか、職人技だって自由自在に操れるようになる。農業の素人でも、有能なＡＩロボットを雇えば、明日からおいしい野菜を大量に作ることができるようになる。そうなると、どんな楽しいプロジェクトを思い描くことができるだろうか。農業の経営は、今よりもずっと多角的な展開ができるようになるだろう。

栽培は全自動のＡＩたちにまかせて、自分はその作物を使ったレストランを立ちあげてもいいだろう。観光農園をする余裕も出てくるだろう。都心からたくさんの人が自分の農園に来てくれて、犬やウサギ、あるいはＡＩロボットと一緒に遊ぶようになるかもしれない。未来の農業は、スマートフォンの操作だけで栽培ができるようになってくるので、そうなると、自分がどこにいても大丈夫になる。つまり、遠隔栽培が可能になる。外国に安い土地を買い、日本ではできない熱帯フルーツを栽培して、それを日本に届けることもできるだろう。極端なことをいえば、あなたが月や火星で野菜を栽培する人類初めての人にだってなれるかもしれない。

夢はいくらでも広がる。20年前はドラえもんの世界の話に過ぎなかったことが、20年後には、実現可能なプロジェクトとして動き出しているかもしれない。それもこれも、テクノロジーの進化のおかげだ。

変化を拒む者にとっては、あらゆる進化が不幸をもたらす災厄と映る。逆に変化し続けようと覚悟を決めている者にとっては、今の時代は、朝目覚めるたびに新しい世界が始まっている世界と言える。わくわくする毎日ではないだろうか。

この本で一緒に見てきたように、今の日本の農業は、悲しいほど競争力がない。今のままでは、海外の安い農産物とまともに戦うことができない。今手をこまねいていれば、あと数年のうちに滅びてしまう可能性が高い。それほどの危機のさなかにある。

しかし、栽培法を変え、生産効率を変えれば、すべてが変わる。見える風景が一変する。

生産効率が今の2倍、3倍になれば、すなわち1haあたりの収量が今の2倍、3倍になっていけば、その分価格を下げることができるようになってくる。価格が下がれば、世界と対等に戦うことができるようになる。元々味は世界一なので、価格さえ適正範囲に入ってくれば、むしろ世界一強い農産物になることができる。すると、農業が滅びるどころか、世界トップクラスの農業大国になることもできる。アメリカやヨーロッパ諸国のように、工業と並んで、農業も主要な成長産業になれる。農業が、日本の経済成長を引っ張ることだってできるかもしれない。

すべては栽培法の改善にかかっている。そしてその栽培法は、今後10年の間に、テクノロジーの進化に合わせて急激に変わっていくと見込まれている。ぜひその変化を拒むのではなく、むしろ歓迎するような社会になっていって欲しいと願っている。

謝辞

イスラエルでは、これまで数多くの農場や企業を視察、調査してきたが、それらはすべて(株)サンホープさんの協力があったからこそ実現できている。第4章の大学での実験についても、(株)サンホープさんとの共同研究の上に成り立っている。(株)サンホープ代表取締役の益満ひろみ様には、たいへん深く感謝しており、ここに厚く御礼申し上げる。

農業の師である東京八王子のプロ農家中西一弘氏からは、栽培について数多くの助言をいただいた。また本書を貫く「変わり続けないといけない」という思想については、武道の師である青木宏之氏からたいへん大きな影響を受けている。齢80半ばを過ぎてもなお進化を続けるその姿勢は、私の人生の目標となっている。また山梨県立大学の兼清慎一氏、NHKの片岡利文氏、未来農業Short Legs Groupにも助けられた。

本書の制作にあたっては、筑摩書房編集部の鶴見智佳子氏にたいへんお世話になった。ここに深く感謝の意を表する。

参考文献

Australian Bureau of Statistics　オーストラリアの統計。https://www.abs.gov.au/

Eurostat　EU の統計。
https://ec.europa.eu/eurostat/home?p_auth=BMAauWo7&p_p_id=estatse

FAOSTAT　FAO の統計。http://www.fao.org/faostat/en/#home

Herrendorf et al（2014）Growth and Structural Transformation. In Handbook of Economic Growth, vol. 2B. pp. 855–941.

ICID（2018）Agricultural Water Management for Sustainable Rural Development. Annual Report 2017–18. International Commission on Irrigation and Drainage.

ILOSTAT　ILO の統計。
https://www.ilo.org/ilostat/faces/wcnav_defaultSelection

Max Roser（2018）“Employment in Agriculture”. Published online at OurWorldInData. org. Retrieved from: ‘https://ourworldindata.org/employment-in-agriculture’

OECD. Stat　OECD の統計。https://stats.oecd.org/

The Economist（2019）Worldwide Cost of Living 2019.

USDA（2018）Farms and Land in Farms 2017 Summary. USDA, National Agricultural Statistics Service.

World Bank Open Data　世界銀行の統計。https://data.worldbank.org/

厚生労働省（2012）遺伝子組換え食品の安全性について、厚生労働省医薬食品局食品安全部。

竹下正哲他（2016）遺伝子組み換え作物の誤解とその危険性、『アリーナ』風媒社　pp. 571–593.

竹下正哲他（2018）ドリップ灌漑およびドリップ・ファーティゲイションが露地ピーマンの収量に及ぼす影響、『農作業研究』日本農作業学会誌、Vo. 53: 183–194.

ちくま新書
1438

日本を救う未来の農業
――イスラエルに学ぶＩＣＴ農法

二〇一九年九月一〇日　第一刷発行

著者　竹下正哲（たけした・まさのり）

発行者　喜入冬子

発行所　株式会社 筑摩書房
東京都台東区蔵前二-五-三　郵便番号一一一-八七五五
電話番号〇三-五六八七-二六〇一（代表）

装幀者　間村俊一

印刷・製本　株式会社 精興社

ISBN978-4-480-07250-4 C0261

ちくま新書

902
日本農業の真実
生源寺眞一
わが国の農業は正念場を迎えている。いま大切なのは食と農の実態を冷静に問いなおすことだ。農業政策の第一人者が現状を分析し、近未来の日本農業を描き出す。

1054
農業問題
——TPP後、農政はこう変わる
本間正義
戦後長らく続いた農業の仕組みが、いま大きく変わろうとしている。第一人者がコメ、農地、農協の問題を分析し、TPP後を見据えて日本農業の未来を明快に描く。

002
経済学を学ぶ
岩田規久男
交換と市場、需要と供給などミクロ経済学の基本問題から財政金融政策などマクロ経済学の基礎までを、現実の経済問題に即した豊富な事例で説く明快な入門書。

225
知識経営のすすめ
——ナレッジマネジメントとその時代
野中郁次郎
紺野登
日本企業が競争力をつけたのは年功制や終身雇用の賜物のみならず、組織的知識創造を行ってきたからである。知識創造能力を再検討し、日本的経営の未来を探る。

396
組織戦略の考え方
——企業経営の健全性のために
沼上幹
組織を腐らせてしまわぬため、主体的に思考し実践しよう！　組織設計の基本から腐敗への対処法まで「これウチの会社！」と誰もが嘆くケース満載の組織戦略入門。

512
日本経済を学ぶ
岩田規久男
この先の日本経済をどう見ればよいのか？　戦後高度成長期から平成の「失われた一〇年」までを学びなおし、さまざまな課題をきちんと捉える、最新で最良の入門書。

619
経営戦略を問いなおす
三品和広
戦略と戦術を混同する企業が少なくない。見せかけの「戦略」は企業を危うくする。現実のデータと事例を数多く紹介し、腹の底からわかる「実践的戦略」を伝授する。

ちくま新書

1157 身近な鳥の生活図鑑　三上修
愛らしいスズメ、情熱的な求愛をするハト、人間をも利用する賢いカラス……。町で見かける鳥たちの生活には、発見がたくさん。カラー口絵など図版を多数収録！

570 人間は脳で食べている　伏木亨
「おいしい」ってどういうこと？　生理学的欲求、脳内物質の状態から、文化的環境や「情報」の効果まで、さまざまな要因を考察し、「おいしさ」の正体に迫る。

970 遺伝子の不都合な真実 ――すべての能力は遺伝である　安藤寿康
勉強ができるのは生まれつきなのか？　ＩＱ・人格・お金を稼ぐ力まで、「能力」の正体を徹底分析。行動遺伝学の最前線から、遺伝の隠された真実を明かす。

954 生物から生命へ ――共進化で読みとく　有田隆也
「生物」＝「生命」なのではない。共進化という考え方、人工生命というアプローチを駆使して、環境とのかかわりから文化の意味までを解き明かす、一味違う生命論。

942 人間とはどういう生物か ――心・脳・意識のふしぎを解く　石川幹人
人間とは何だろうか。古くから問われてきたこの問いに、認知科学、情報科学、生命論、進化論、量子力学などを横断しながらアプローチを試みる知的冒険の書。

363 からだを読む　養老孟司
自分のものなのに、人はからだのことを知らない。たまにはからだのことを考えてもいいのではないか。口から始まって肛門まで、知られざる人体内部の詳細を見る。

434 意識とはなにか ――〈私〉を生成する脳　茂木健一郎
物質である脳が意識を生みだすのはなぜか？　すべてを感じる存在としての〈私〉とは何ものか？　人類に残された究極の問いに、既存の科学を超えて新境地を展開！